"20년쯤 지나면,
당신이 한 일 보다는 하지 못한 일들 때문에 후회하게 될 것이다.
그러니까 밧줄을 던져라.
항구에서 떠나라.
무역풍을 타고서 탐험하고, 꿈꾸고, 발견해라."

– 마크 트웨인

지도편

초등 3년 이상

이간용 지음

에듀인사이트

지도를 읽으면 지리 개념이 술술!

초등 지리 바탕 다지기(지도 편)

초판 1쇄 발행 2016.7.4 | 초판 5쇄 발행 2023.4.10
지은이 이간용 | 펴낸이 한기성 | 펴낸곳 에듀인사이트(인사이트)
기획 · 편집 공명, 신승준 | 본문 디자인 (주)GNU | 표지 디자인 오필민 | 일러스트 나일영 | 인쇄 · 제본 에스제이피앤비
베타테스터 김가연, 김채민, 박서연, 송하윤, 임민재, 정용균, 최예담, 최재형
등록번호 제2002-000049호 | 등록일자 2002년 2월 19일 | 주소 서울시 마포구 연남로5길 19-5
전화 02-322-5143 | 팩스 02-3143-5579 | 홈페이지 http://edu.insightbook.co.kr
페이스북 http://www.facebook.com/eduinsightbook | 이메일 edu@insightbook.co.kr
ISBN 978-89-6626-706-4 64980
SET 978-89-6626-705-7

책값은 뒤표지에 있습니다. 잘못 만들어진 책은 바꾸어 드립니다.
정오표는 http://edu.insightbook.co.kr/library에서 확인하실 수 있습니다.

지도는 지리의 언어입니다.

사람은 땅 위에서 살아갑니다. 따라서 땅에 관한 정보와 지식은 사람들의 삶에 있어 매우 중요한 요소입니다. 지도는 이런 땅에 관한 정보를 표현하거나 정보를 얻어내는 최고의 도구입니다.

악보가 음악의 언어라면 지도는 지리의 언어라고 할 수 있습니다. 음악에서 악보가 없다면 음을 제대로 표현할 수 없듯이 땅에 대해서 공부하는 지리 학습에서는 지도가 반드시 필요합니다. 지도를 이용해야 복잡한 땅 모습을 효과적으로 표현할 수 있기 때문이지요.

지도는 인류의 역사와 함께 해왔습니다. 글자나 숫자보다도 먼저 쓰였지요. 또 과거의 역사를 보면 지도는 나라의 힘을 보여줍니다. 지도를 만들려면 새로운 아이디어와 기술, 많은 돈이 필요한데 앞서가는 나라들은 이러한 조건을 잘 갖추었기 때문에 지도를 잘 만들었습니다. 그리고 그들은 이렇게 만든 좋은 지도를 통해 세계를 속속들이 이해하고 지배할 수 있었습니다. 오늘날에도 선진국에서는 지리와 지도 학습을 소중히 생각합니다. 프랑스에서는 대학에 들어가려면 지도를 잘 그려야 합니다. 그 가치와 의미를 잘 알기 때문이지요.

지도는 글자와 숫자만큼이나 중요한 의사소통 수단입니다. 그래서 우리의 사회 책에도 지도 학습 내용이 꽤 많이 들어 있지요. 그런데 여러 학년에 걸쳐 조각조각 흩어져 있다 보니 지도 학습의 전체 모습을 살피기 힘들게 되어 있습니다. 또 내용의 앞뒤 흐름이 잘 이어지지 않아 이해하기 어려운 면도 있지요. 게다가 설명의 양이나 익힘 활동도 충분하지 않아 지도 학습의 묘미를 제대로 느끼기엔 아쉬움이 있습니다.

그래서 이 책에서는 지도 학습을 짜임새 있게 진행하기 위한 틀을 세우고, 하나하나 차근차근 쉽게 알아가도록 꾸며 보았습니다. 여러분이 이 책으로 지도에 대하여 공부한다면 사회과 학습은 물론 공간지각력 향상 및 두뇌 계발에도 큰 보탬이 될 것입니다. 감사합니다.

2016년 여름 이간용 씀

활동 중심의 초등 지리 워크북

하나. **외우지 않고 활동을 통해 이해합니다.**

'초등 지리 바탕 다지기'는 딱딱하게 풀어 쓴 개념글을 읽고 외우거나 사지선다형의 문제를 반복해서 푸는 지루한 교재가 아닙니다. 지도 읽기라는 활동을 통해 쉽고 재밌게 지리 개념을 이해하는 새로운 형식의 워크북입니다.

둘. **지도를 제대로 읽는 방법을 훈련합니다.**

지리 학습의 기본은 지도를 읽는 것입니다. 지도를 제대로 읽기 위해서는 실제 지도를 통해 지도의 구성 요소를 찾고 지도가 담고 있는 정보를 파악하는 훈련이 필요합니다. '초등 지리 바탕 다지기'에서는 다양한 지도 읽기 활동을 통해 이러한 훈련들을 체계적으로 수행할 수 있습니다.

셋. **지도에 담긴 지리 개념을 자연스럽게 습득합니다.**

지도에는 지도를 구성하는 다양한 요소들이 있습니다. 이 요소들의 개념과 역할을 알고 지도를 보게 된다면 지도에 담긴 정보를 좀더 폭넓게 이해하고 활용할 수 있습니다. '초등 지리 바탕 다지기'에서는 지도 읽기 활동을 통해 초등학교에서 다루고 있는 지리 개념들을 쉽게 습득할 수 있습니다.

넷. **우리가 사는 공간을 지리적으로 이해합니다.**

지도 읽기는 우리가 사는 공간을 객관적으로 바라볼 수 있게 해줍니다. 또한 공간을 지리적으로 이해하게 해줌으로써 자신의 필요에 맞게 공간을 재창조하고 활용할 수 있도록 도와줍니다. '초등 지리 바탕 다지기'의 지도 읽기 활동은 아이들의 공간 사고력을 키우는 최적의 학습 도우미입니다.

워밍업 나의 하늘 눈 만들기

지도는 새처럼 하늘에서 내려다 본 세상 그림이라는 것을 알아봅니다.

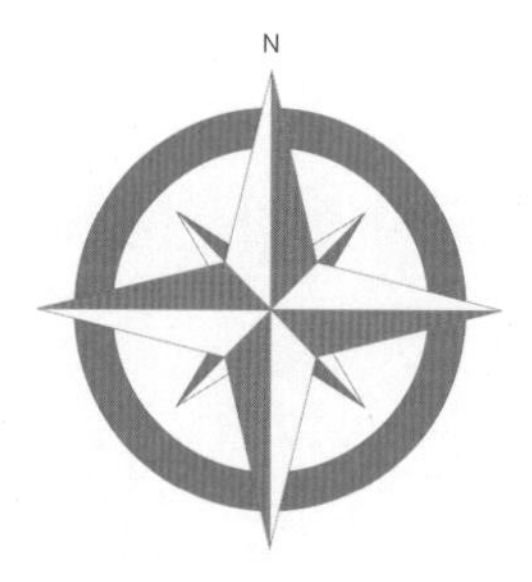

하나 지도의 기본 요소와 방위 익히기

이 단원에서는 지도의 기본 요소와 방위에 대하여 공부합니다. 지도에 표시된 기본 요소의 개념과 역할을 알고 지도에 표시된 사물의 위치를 동서남북 방위로 표현할 수 있습니다.

둘 기호와 범례 살펴보기

이 단원에서는 지도의 기호와 범례에 대하여 공부합니다. 기호와 범례의 장점과 역할에 대해 알아보고 실제 지도에서 사용되는 기호들이 어떤 사물들을 본뜬 것인지 알아봅니다.

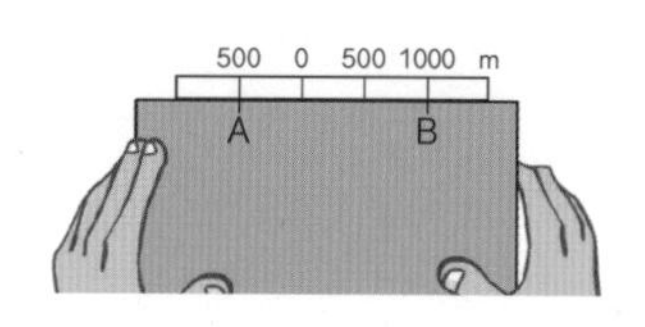

셋 축척 이해하기

이 단원에서는 지도의 축척에 대하여 공부합니다. 축척이 사용되는 이유에 대해 이해하고, 지도에서 축척을 이용하여 실제 거리를 구해봅니다.

넷 등고선 풀어내기

이 단원에서는 지도에서 땅의 높낮이를 나타내는 수단에 대하여 공부합니다. 그중에서도 등고선을 이용하여 땅의 높낮이를 표현하는 방법을 중점적으로 살펴봅니다.

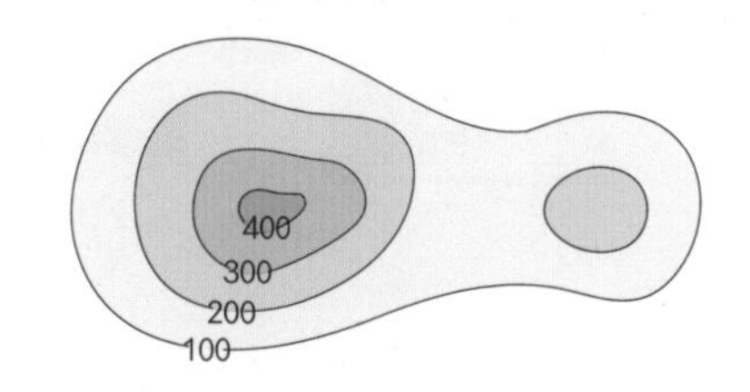

다섯 좌표 활용하기

이 단원에서는 지도의 좌표에 대하여 공부합니다. 그 중에서도 방안 좌표와 지리 좌표에 대하여 배웁니다. 방안 좌표를 이용하여 지도에서 특정 위치를 찾아보고, 지리 좌표에서는 지구에서 특정 위치의 위도와 경도를 찾아봅니다.

마무리 활동 캐리비언 보물섬 지도 읽기

이제 재미있는 보물섬 이야기와 함께 지도 학습을 마무리합니다.

- '초등 지리 바탕 다지기'에는 모두 30개의 활동 주제가 있습니다. 그리고 각각의 활동 주제마다 실제 활동 미션인 act 가 나오게 됩니다. act 의 개수는 1~5개 사이로 주제마다 다릅니다.
- 활동의 형태는 직접 그리기, 선 잇기, 맞는 답 찾기, 지도에 표시하기 등 다양합니다. 지시사항에 맞게 활동을 수행해주세요.
- **학습량은 하루에 활동 주제 1개를 해결하는 정도가 좋습니다.** 매일 학습하기 어렵다면 하루에 활동 주제 2개 정도를 수행하되 학습 시간은 30분을 초과하지 않는 것이 좋습니다.

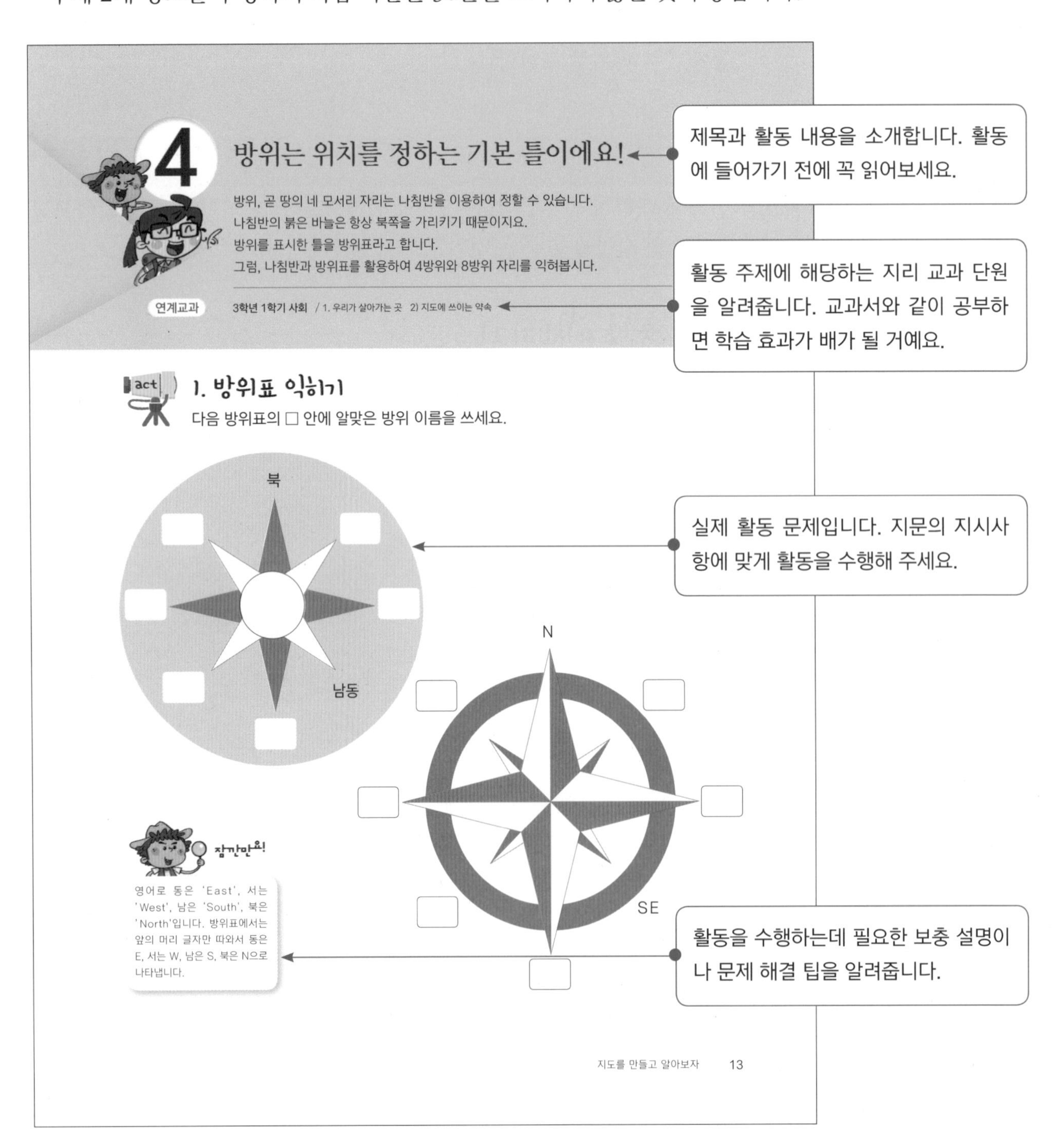

지금까지 배운 내용을 정리해봅시다!

이번 단원에서 활동한 내용을 정리합니다. 또한 중요한 개념들을 다시 한 번 확인합니다.

1 지도의 기본 요소와 관련하여 관계 깊은 것끼리 서로 이어보세요.

지도 제목 ·	· 지도에 쓰이는 기호의 뜻을 알려줍니다. 지도마다 쓰이는 기호는 다를 수 있기 때문입니다.
방위표 ·	· 좋은 지도에는 그것이 어떤 곳의 무엇을 나타내고 있는지를 알려주는 이름이 붙어 있습니다.
축척 ·	· 지도에서 위치를 파악하는 데 중요하게 쓰입니다. 이것이 없을 때는 지도의 위쪽이 북쪽을 나타냅니다.
범례 ·	· 지도를 만든 사람이나 기관, 그리고 날짜를 말합니다. 지도에 대한 믿음을 주고, 지도가 얼마나 오래 되었는지를 아는 데 중요합니다.
제작자와 제작일 ·	· 지도가 실제의 땅을 얼마나 줄여서 나타냈는가를 보여줍니다. 막대 모양의 줄인자로 나타냅니다.

2 방위표를 완성하세요.

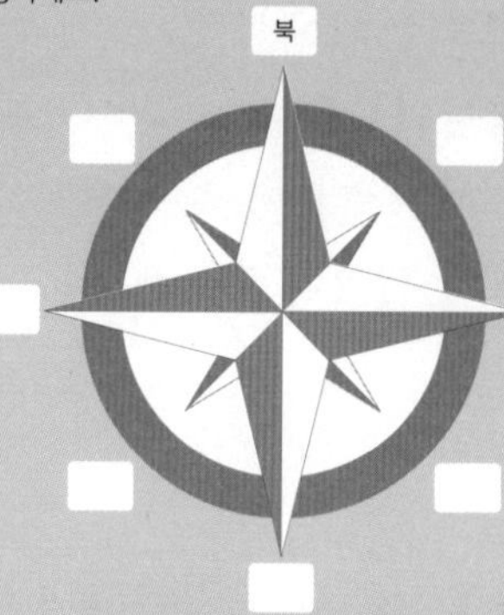

잠시 쉬어 갈까요?

장소마다 시대마다 방위가 서로 달랐답니다!

세상 사람은 모두가 항상 위를 북쪽으로 놓고 지도를 그렸을까요? 방위를 정하는 방법이 꼭 동서남북만 있는 것은 아니랍니다. 예전엔 장소마다 방위를 나타내는 방식이 서로 다르기도 하였습니다. 예를 들어 태평양의 화산섬 하와이에서는 산과 바다를 기준으로 삼아 '산 쪽', '바다 쪽' 등 두 가지로만 방위를 정했답니다. 주변이 온통 망망대해인 태평양으로 둘러싸여 있어서 그랬겠지요?

고대 이집트 사람들은 '강 위쪽'과 '강 아래쪽' 등 방위를 두 가지로만 정하여 썼다는 군요. 위 지도에서처럼 나일 강은 이집트의 남에서 북으로 거의 곧게 흐르고 있고 강가를 벗어나면 온통 사막으로 막혀 있기 때문이었을 겁니다. 게다가 이 사막들은 높기까지 하여 나일 강가는 천연요새라고 할 수 있습니다.

남태평양의 솔로몬 섬 사람들은 '육지 쪽', '바다 쪽', '해변 위쪽', '해변 아래쪽' 등 네 가지로 방위를 정했다고 합니다. 강이나 바다가 그들의 생활에 얼마나 큰 영향을 주었을지 짐작할 수 있을 듯합니다.

그리고 시대마다 중요하게 여겼던 방위도 서로 달랐습니다.

다음 그림과 설명을 보세요.

"나는 'TO 지도'입니다. 중세 유럽 사람들이 그린 세계 지도지요. 중세 유럽 사람들은 지상낙원인 에덴동산이 있다고 믿었던 동쪽을 매우 신성하게 여겼습니다. 그래서 지도를 그릴 때에도 아시아가 있는 동쪽을 위로 놓았답니다. 지도의 한 가운데에는 기독교의 성지인 예루살렘을 위치시켰지요!"

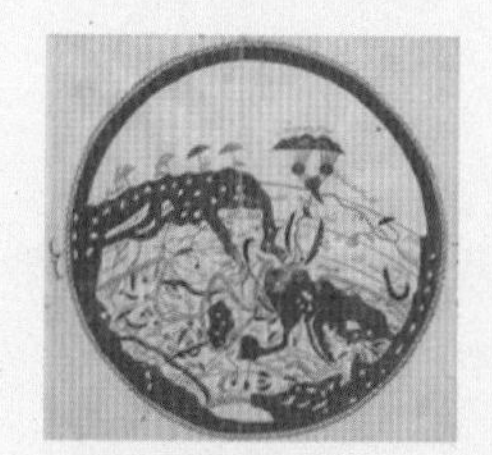

"나는 '이드리시 세계 지도'입니다. 중세 이슬람 세계의 이드리시라는 지리학자가 그렸거든요. 중세 아랍 사람들은 이슬람교의 성지가 있었던 남쪽을 바라보는 마음이 남달랐습니다. 그래서 지도를 그릴 때에도 남쪽을 위로 놓았답니다. 지도의 한 가운데에는 이슬람교의 성지인 메카를 위치시켰지요!"

지도와 지리에 대한 흥미로운 역사와 알아두면 유익한 정보를 소개합니다. 활동이 끝난 후 천천히 읽어보세요.

N
500 0 500 1000 m
A
B

'초등 지리 바탕 다지기'를 출간하기 전에 편집된 원고를 보고 아이와 같이 학습할 수 있도록 학부모 베타테스터를 운영하였습니다. 베타테스터들의 구체적인 활동 내용은 에듀인사이트 카페인 '바다공부방'에서 확인할 수 있습니다.

전체적으로는 3학년 사회 1단원의 지도 단원과 맞물려서 활동하기 좋은 책이라고 생각이 듭니다. 그리고 뒷부분은 4, 5학년 사회와도 연계가 되니 사회를 배우는 초등학생들에게는 교과서를 이해하는데 도움이 될 것 같습니다. — 최예담, 초3

사회 교과서 내용과 비교했을 때 조금 쉬운 면도 있어 저학년도 충분히 활용 가능한 교재인 것 같아요. 물론 스도쿠 문제와 같이 살짝 어려운 것도 있긴 하지만요. 전체적으로 대상 학년에 맞는 것 같고 다른 교재에서는 보기 힘든 문제라 마음에 들었어요. — 김재민, 초4

수학에서 스도쿠는 좀 해봤었는데 지리로 해보니 또 다른 재미가 있더라구요. 그리고 지도에 나오는 명승고적, 절, 다리, 밭, 과수원 등등 각종 기호들을 게임하듯 쉽게 외울 수 있었어요. 앞으로 어디 나들이 갈 때 내비게이션 대신 지도를 이용해 봐야겠어요. — 임민재, 초2

실생활에서 이해할 수 있는 다양한 자료와 지도로 지리 과목을 공부할 수 있는 기회를 갖게 되어 즐거운 체험이었습니다. 엄마인 제게는 어릴 적 시험 기간에만 공부했던 암기 과목이었던 지리가 아이에게는 생활에 적용할 수 있는 산 공부가 되어서 좋았습니다. — 송하윤, 초4

여자 아이다 보니 사실 사회 공부를 싫어합니다. 하지만 이 교재는 게임하듯이 재미있게 공부를 할 수 있어서 아이가 좋아했어요. 퍼즐 맞추기 놀이하듯이 학습을 하다보면 자연스럽게 지리의 기본 개념을 이해할 수 있고 지도를 제대로 읽을 수 있도록 만든 것 같습니다. — 박서연, 초4

베타테스터가 되고 싶다면…

베타테스터는 책이 나오기 전에 미리 책의 구성이나 내용을 확인하고 자녀와 함께 체험해 보는 활동입니다.

베타테스터는 에듀인사이트의 '바다공부방' 카페(http://cafe.naver.com/eduinsight)에서 수시로 모집하고 있습니다.

워밍업

나의 하늘 눈 만들기

지도를 잘 읽으려면 나의 눈이 하늘 높이 여기저기에서
내려다보고 있다고 상상할 수 있는 능력이 필요하답니다.
지도는 새처럼 하늘에서 내려다 본 세상 그림이기 때문입니다.

1 지도는 하늘에서 내려다본 세상 모습이에요!

지도는 넓은 세상을 한눈에 살펴보려고 실제보다 줄여서 만든 땅 그림입니다.
그렇다면 넓은 세상을 한눈에 살피기 좋은 높이와 위치는 어디일까요?
바라보는 높이와 위치에 따라 달라지는 세상 모습을 살펴봅시다.

연계교과 3학년 1학기 사회 / 1. 우리가 살아가는 곳 1) 우리 고장의 위치

act 1. 세상을 한눈에 살피기 좋은 높이 알아보기

지도는 공주시 관광 안내도입니다. 물음에 알맞은 말을 찾아 ○표 하거나, 고르세요.

1 어디에서 바라보고 그린 땅 모습일까요?
(땅속, 땅바닥, 하늘)

2 위와 같은 땅 모습을 가장 잘 볼 수 있는 동물은 누구일까요?

①  ②  ③ 

3 그 이유는 무엇이라고 생각하나요?

왜냐하면 지도는 (높은, 낮은) 곳에서 (올려다, 내려다) 본 땅 그림인데, 새는 늘 하늘을 날면서 땅을 내려다보는 데 (익숙하기, 서툴기) 때문입니다.

2. 바라보는 위치에 따라 달라지는 땅 모습 살펴보기

그림은 바라보는 위치에 따라 달라지는 산의 모습을 보여줍니다.
물음에 알맞은 답을 찾아 선으로 잇거나, (　) 안에 쓰세요.

1 그림 ①~③은 각각 어느 곳에서 바라본 산의 모습인지 오른쪽 그림의 ㉠~㉢ 중에서 찾아 선으로 알맞게 이어 보세요.

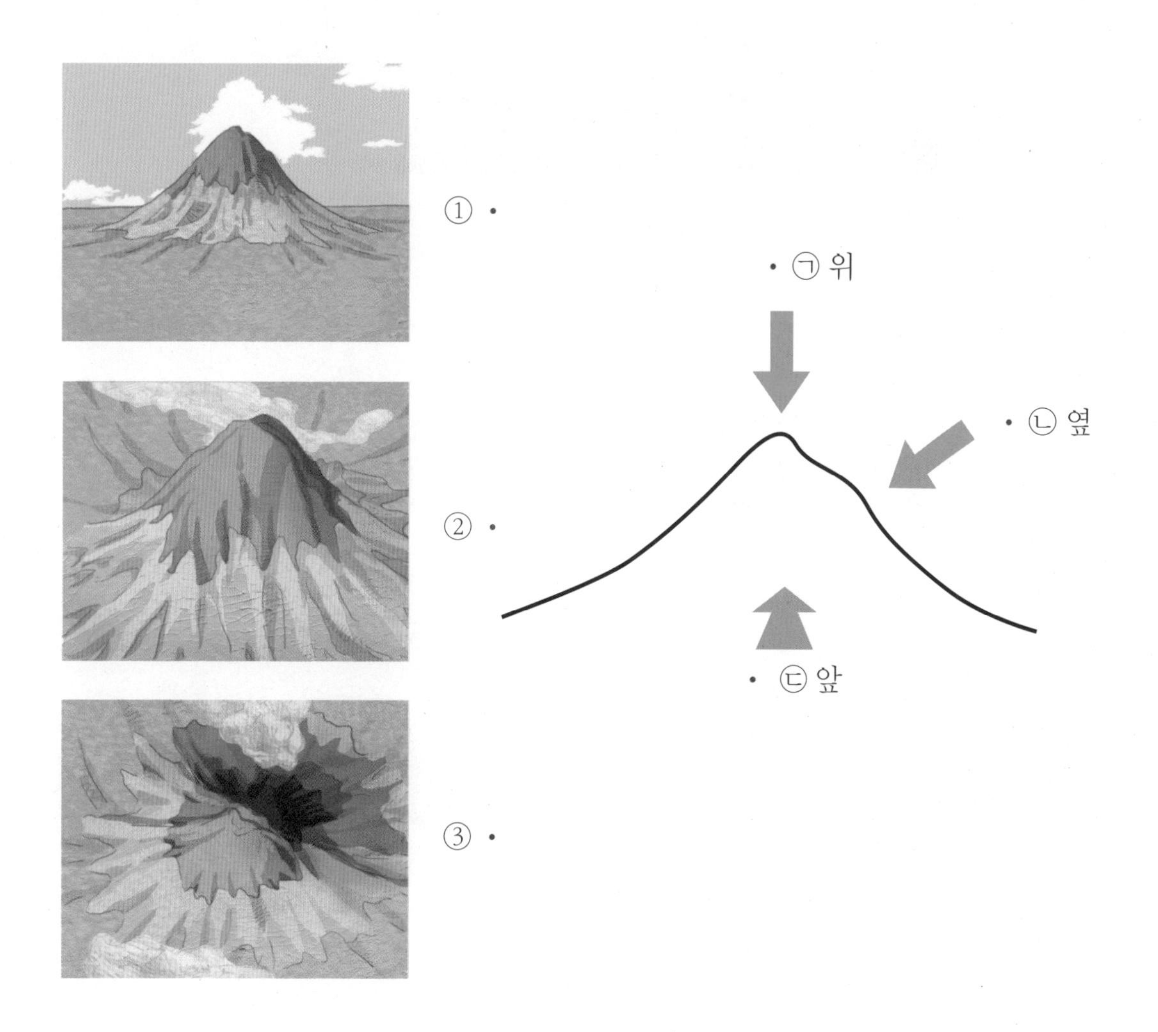

2 ㉠~㉢ 중에서 땅 위 곳곳을 한눈에 다 살피거나 나타낼 수 있는 위치는 어디일까요?

(　　　　　)

3 앞의 act 1. 관광 안내도는 ㉠~㉢ 중에서 어느 위치에서 바라본 모습을 그린 것일까요?

(　　　　　)

3. 바라보는 위치에 따라 달라지는 땅 모습 파악하기

다음과 같이 세 개의 산 모양이 있다고 할 때, ㉠~㉣은 ①~④중 각각 어떤 위치에서 바라본 산의 모습일까요? 알맞은 번호를 □ 안에 쓰세요.

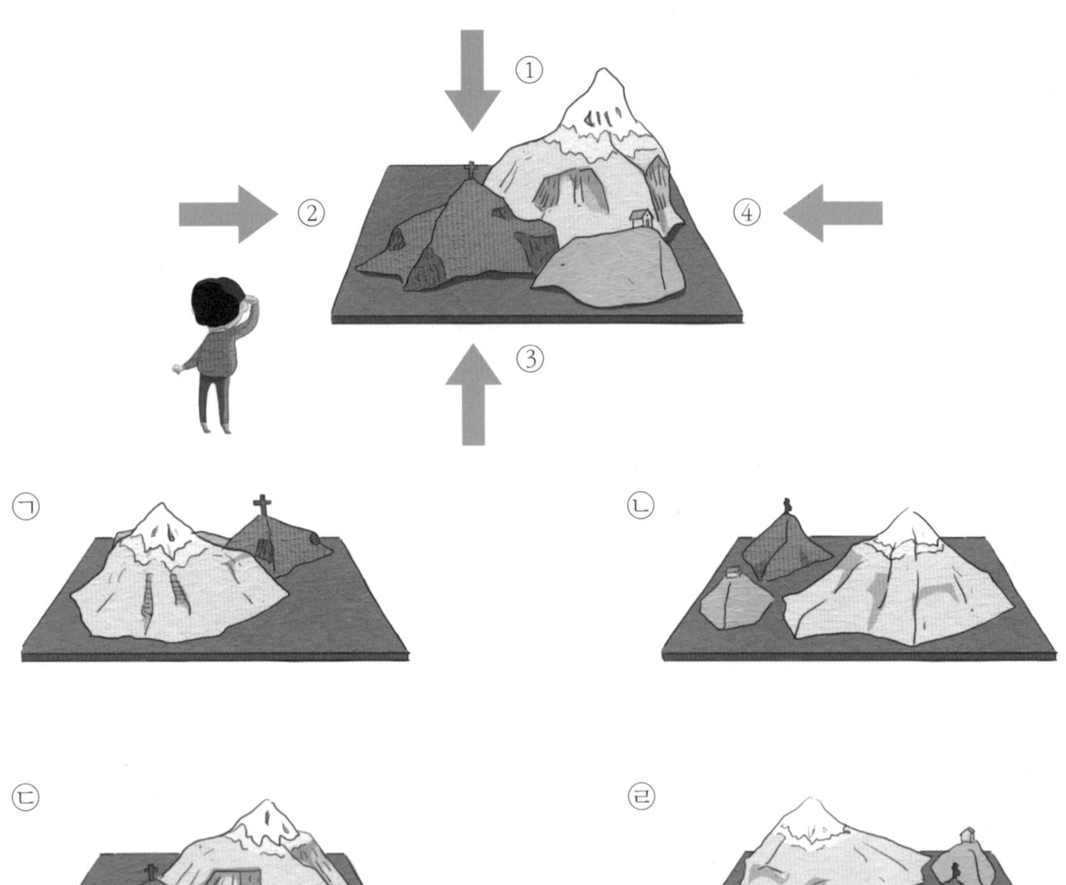

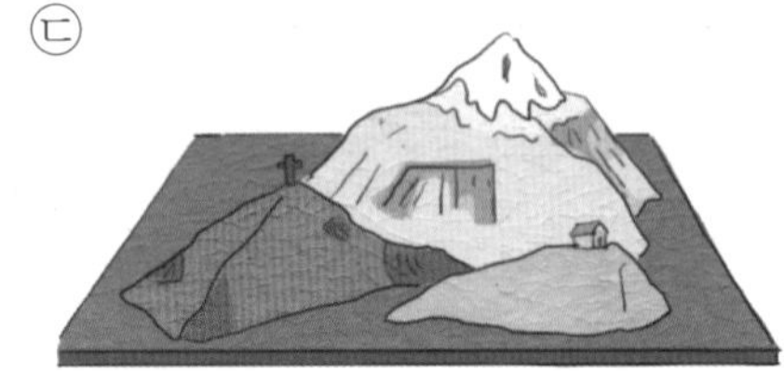

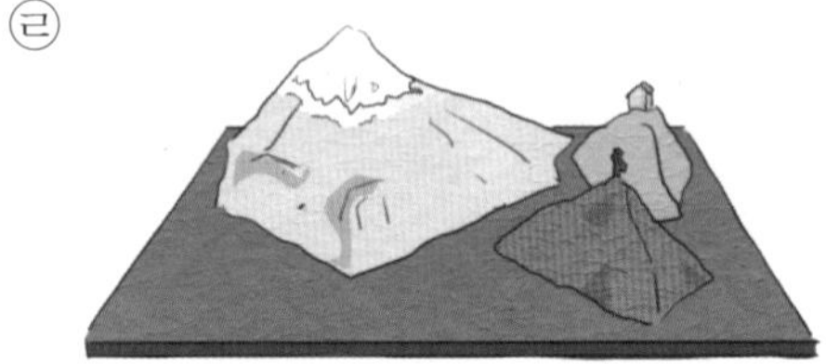

㉠ □	㉡ □
㉢ □	㉣ □

이 활동은 피아제라는 유명한 교육 심리학자가 어린이들을 대상으로 했던 실험입니다. 바라보는 위치에 따라 산의 모습이 달라 보이겠지요? 이 실험은 나를 벗어난 또 다른 나의 눈으로 본 세계를 얼마나 잘 파악할 수 있을지를 알아보려고 한 것이었답니다.

4. 하늘에서 내려다 본 사물의 모습 그리기

아래 그림과 같은 책상과 공을 잠자리가 되어 하늘에서 똑바로 내려다본다면 어떤 모습일지 도형으로 간략히 그려보세요.

5. 지도의 특성 정리하기

그림 (가), (나)는 같은 장소를 나타내고 있습니다. (　　)에서 알맞은 말을 골라 ○표 하세요.

(가)

(나)

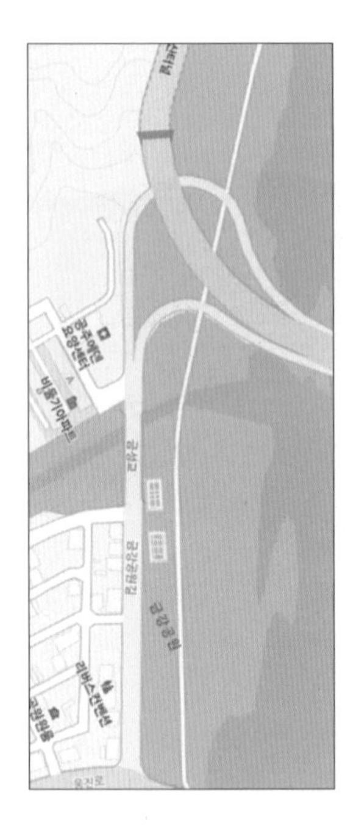

1 그림 (가)는 (사진, 지도)이고, 그림 (나)는 (사진, 지도)입니다.

2 두 그림을 놓고 볼 때, 사진과 지도의 가장 큰 차이점은 무엇일까요?
"사진은 땅 모습을 자세히 나타내지만, 지도는 (있는 그대로, 골라서) 간략히 나타냅니다."

3 우리가 살아가는 땅의 실제 모습은 (입체, 평면)이지만, 지도는 (입체, 평면)입니다.

4 사진과 마찬가지로 지도는 실제 땅보다 (작게, 크게) 그려집니다.

5 지도의 특성을 정리해봅시다. (　　)에서 알맞은 말을 골라 ○표 하세요.
"지도란 땅 모습을 (하늘에서, 땅위에 서서) 바라보고, 실제보다 (줄, 늘)여서, (그대로 자세히, 필요한 것만 골라서), (입면, 평면)에 그린 땅 그림입니다."

하나

지도의 기본 요소와 방위 익히기

이 단원에서는 지도의 기본 요소와 방위에 대하여 공부합니다.
그림과는 달리 지도는 몇 가지 기본 요소를 꼭 갖추고 있어야 합니다.
그래야 지도가 담고 있는 정보를 제대로 읽어 낼 수 있기 때문입니다.
방위는 어떤 사물의 위치를 나타내기 위한 틀로
지도에서는 방위표가 꼭 필요합니다.
그것으로 위치를 알아내거나 설명할 수 있기 때문이지요.

2 지도는 몇 가지 기본 요소를 갖추어야 해요!

모든 지도에는 지도를 읽는 데 도움을 주는 여러 도우미가 있습니다.
지도 제목, 방위표, 기호와 범례, 축척, 제작자와 제작일 등이 그것입니다.
지도를 이루는 기본 요소라고 하지요.
이런 기본 요소들은 지도에서 어떤 역할을 할까요?

연계교과 **3학년 1학기 사회** / 1. 우리가 살아가는 곳 2) 지도에 쓰이는 약속

1. 지도의 기본 요소와 그 역할 알아보기

다음 보물섬 지도를 통해 지도의 기본 요소와 그 역할을 알아봅시다. □ 안에 들어갈 알맞은 말을 보기에서 찾아 쓰세요.

보기	지도 제목 방위표 범례 축척 제작자와 제작일

이것은 지도 이름으로, '지도 제목' 입니다.

이것은 방향 알리미로, '□□표'라고 한답니다.

보물섬 지도

북

0 1km

일러두기
- 보물
- 숲
- 호수
- 해변
- 소용돌이

이것은 거리 줄인자로, '축□' 이라고 해요!

이것은 기호 일러두기로, '범□' 라고 하지요.

2. 지도의 기본 요소 찾아보기 1

세모네 마을 지도에 나타나 있는 지도의 기본 요소들을 모두 찾아 ①~⑤에 ○표 하세요.

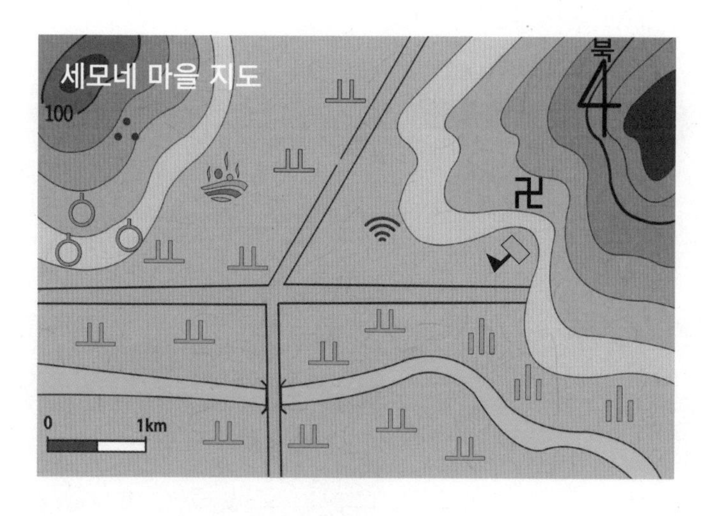

① 지도 제목　　② 방위표
③ 범례　　④ 축척
⑤ 제작자와 제작일

범례		
온천	학교	절
밭	다리	논
과수원	명승고적	
와이파이 존		

3. 지도의 기본 요소 찾아보기 2

다음 지도에서 지도 제목을 찾아 쓰고, 방위표와 축척 막대, 범례 상자를 찾아 지도에 직접 ○표 하세요.

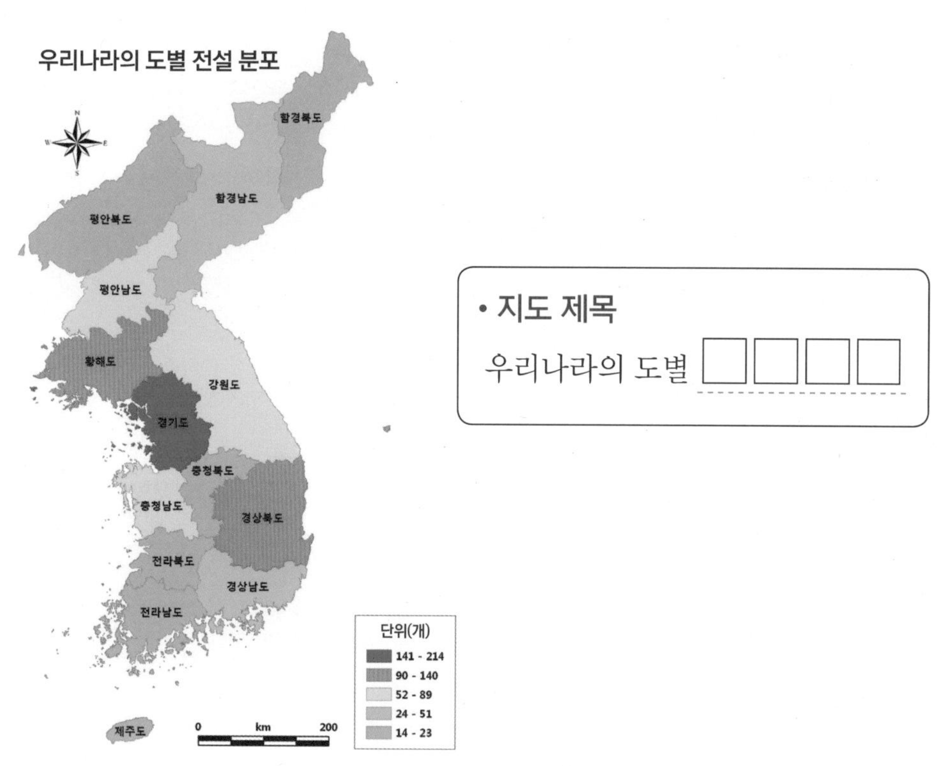

4. 지도의 기본 요소 찾아보기 3

모든 지도에는 지도의 기본 요소들이 어딘가에 꼭 숨어 있답니다. 다음 지도에는 어떤 기본 요소들이 나타나 있는지 모두 찾아 ○표 하세요.

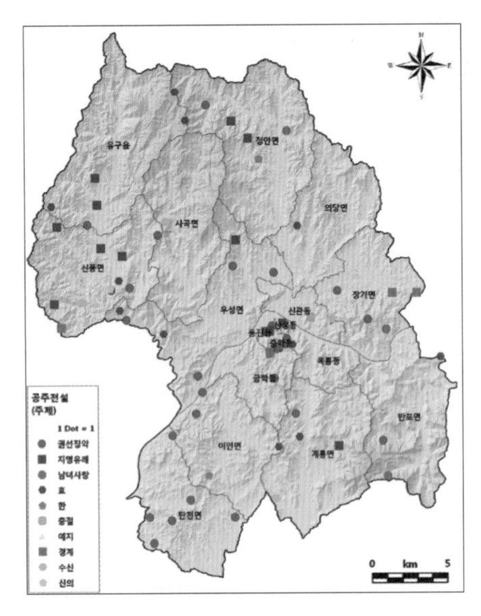

제목 방위표 범례 축척 제작자와 제작일

2

제목 방위표 범례 축척 제작자와 제작일

3

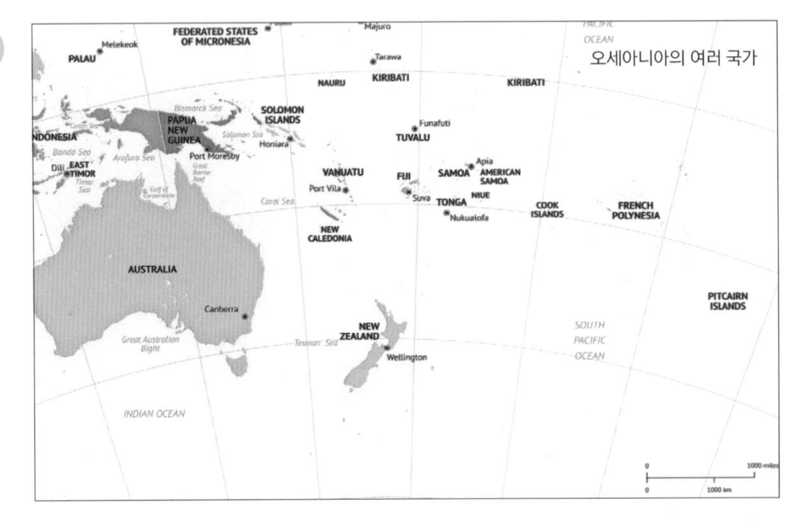

제목 방위표 범례 축척 제작자와 제작일

잠깐만요!

위의 모든 지도에서 빠짐없이 꼭 등장하는 기본 요소는 무엇인가요? 지도에서 거리를 재는 데 쓰이는 줄인자로서 지도의 필수 요소이지요. 이것이 없다면 엄격하게 말해서 지도라고 할 수 없답니다. 그것은 바로 **축척**입니다!

3 방위란 무엇일까요?

사람이나 사물을 중심으로 방향이나 위치를 나타내다 보면 혼동이 생기기도 합니다.
그렇지만 방위를 이용하면 방향이나 위치를 더 정확하게 나타낼 수 있습니다.
방위는 변하지 않기 때문입니다.
그럼, 먼저 '방위'라는 말의 유래와 뜻부터 알아볼까요?

연계교과 **3학년 1학기 사회** / 1. 우리가 살아가는 곳 2) 지도에 쓰이는 약속

1. '방위'의 유래 알아보기

옛사람들이 생각하던 우주는 어떤 모습이었을까요? 다음 글을 읽고 알맞은 말에 ○표 하거나, □ 안에 알맞은 말을 쓰세요.

1 천원지방(天圓地方)!
옛날 사람들이 생각하던 세계의 모습입니다.
(하늘, 땅)은 둥글고, 땅은 (둥근, 네모난) 모습으로 생각했군요. 그렇다면 지방이란 '땅' 지(地), '모' 방(方)! 곧, 땅은 네모 모양이라는 뜻이 되겠네요.

2 천단(天壇)입니다.
옛 중국에서 황제가 하늘에 제사를 지내던 터였지요. 가운데의 둥근 건물은 □□을, 바닥의 네모 모양은 □을 나타냅니다.

3 우리나라의 첨성대는 물론이고 작은 엽전도 천원지방의 생각을 담고 있답니다. 그렇다면 엽전의 가운데 네모난 구멍은 무엇을 나타낼까요?
(□)

2. 방위의 뜻 알아보기

방위에서 '방'이란 글자의 뜻을 이제 짐작할 수 있겠지요? 아래의 글을 읽으면서 알맞은 말을 □ 안에 넣거나, 적당한 곳에 ○표 하세요.

1 **엄마** : "세모야, 마트에 가서 두부 한 □ 만 사오렴."

세모 : "네, 엄마!"

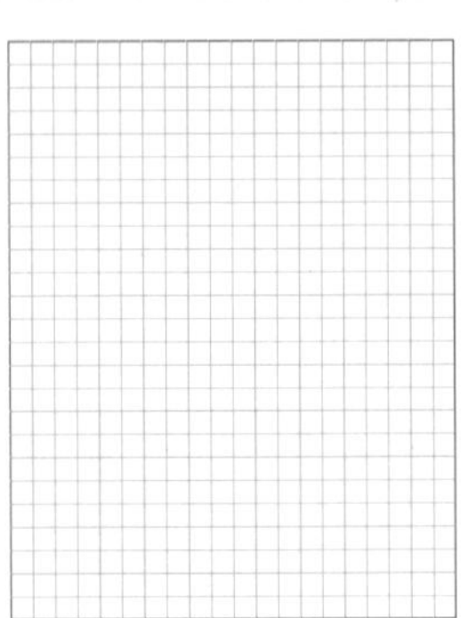

2 왼쪽 그림은 무엇일까요?
밑그림이나 그래프를 그릴 때 자주 씁니다.

□눈 종이

3 아래 도형의 이름은 무엇일까요?

마름□

도형의 네 **모**서리를 찾아 ○표 해보세요.

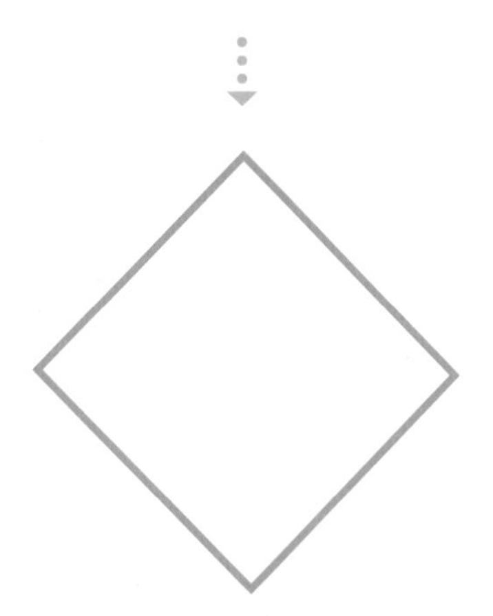

이처럼 방위에서 '방'자는 네모를 뜻하고, '네모'는 네 군데 모서리를 뜻합니다.
방위라는 말은 모서리를 뜻하는 '방(方)'자와 자리를 뜻하는 '위(位)'가 합쳐진 말입니다. 곧, 방위는 '땅의 네 모서리 자리'라는 뜻입니다.
그런 까닭에 방위의 기본 틀은 사방(四方)입니다. 네 모서리이니까요! '사방을 두리번거리다', '사방에 어둠이 깔리다'라는 말을 들어 본 적이 있지요?
사람들은 네 모서리, 즉 사방을 좀 더 명확하게 구분하기 위하여 이름을 붙였습니다. 그것이 바로 '동, 서, 남, 북'입니다.

4 방위는 위치를 정하는 기본 틀이에요!

방위, 곧 땅의 네 모서리 자리는 나침반을 이용하여 정할 수 있습니다.
나침반의 붉은 바늘은 항상 북쪽을 가리키기 때문이지요.
방위를 표시한 틀을 방위표라고 합니다.
그럼, 나침반과 방위표를 활용하여 4방위와 8방위 자리를 익혀봅시다.

연계교과 **3학년 1학기 사회** / 1. 우리가 살아가는 곳 2) 지도에 쓰이는 약속

1. 방위표 익히기

다음 방위표의 □ 안에 알맞은 방위 이름을 쓰세요.

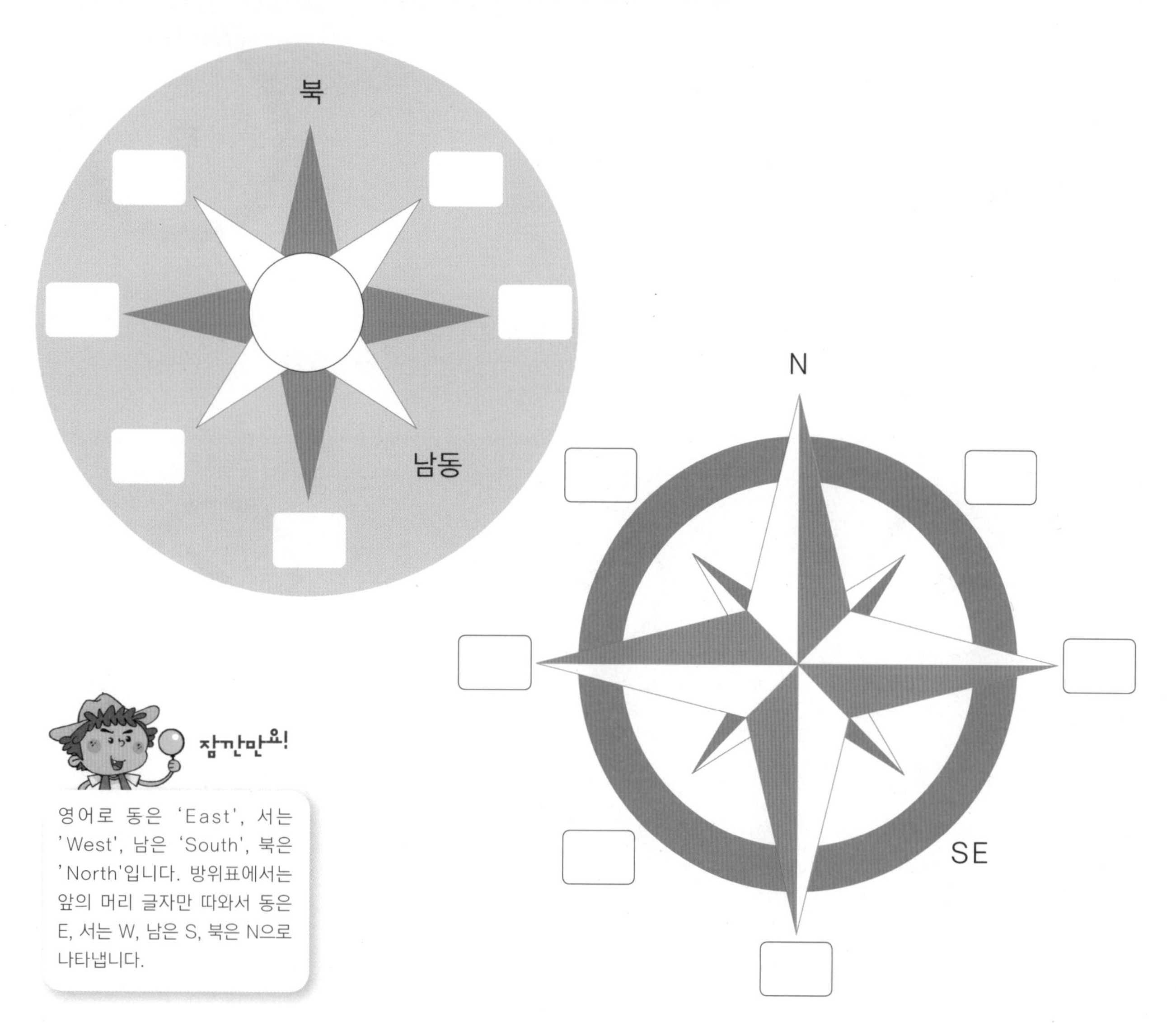

영어로 동은 'East', 서는 'West', 남은 'South', 북은 'North'입니다. 방위표에서는 앞의 머리 글자만 따와서 동은 E, 서는 W, 남은 S, 북은 N으로 나타냅니다.

2. 나침반 읽기

나침반을 보고 물음에 알맞은 말을 찾아 ○표 하거나, □ 안에 쓰세요.

1 빨간 바늘은 어느 방위를 향해 있을까요?

(동, 서, 남, 북)쪽

2 '북'을 나타내는 알파벳 글자(N)를 검게 칠하세요.
그리고 북쪽을 향해 있는 바늘 부분(△)을
빨간색으로 칠하세요.

3 어떤 장소에 나침반을 놓았더니 바늘이 그림과 같이 나타납니다.
다음 사물들은 각각 어느 방위에 있을까요?

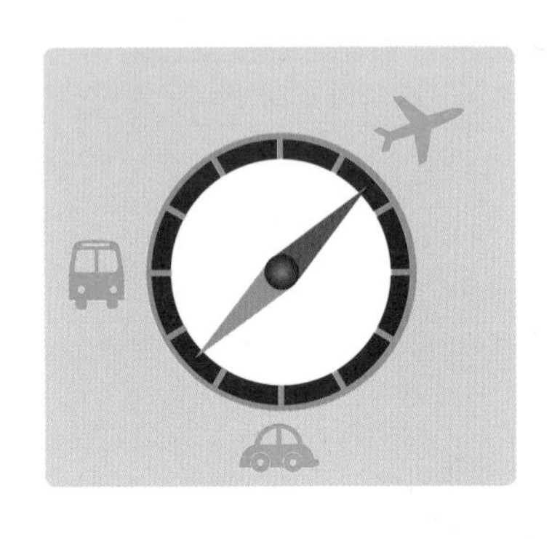

① 별(★) : □쪽

② 하트(♥) : □쪽

③ 클로버(♣) : □□쪽

④ 마우스( ) : □□쪽

⑤ 종( ) : □쪽

⑥ 눈사람( ) : □쪽

⑦ 비행기( ) : □쪽

⑧ 버스( ) : □□쪽

⑨ 자동차( ) : □□쪽

3. 방위표 모양 익히기

지도마다 방위표의 모양이 서로 다릅니다. 방위표에 색칠을 하면서 그 모양을 익혀봅시다.

1 모두 검은색으로 칠하세요.

2 글자와 화살표의 오른쪽만 검은색으로 칠하세요.

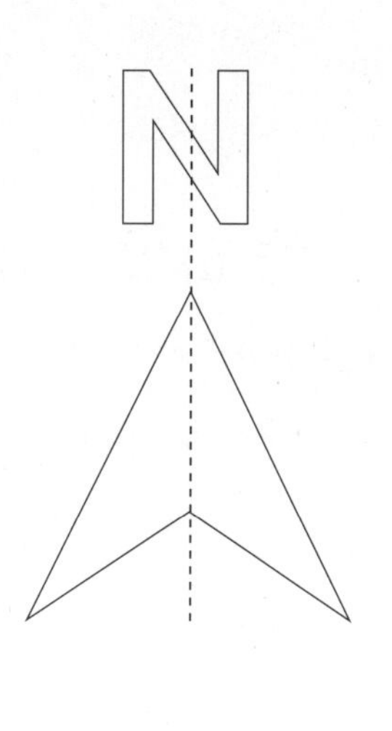

3 좋아하는 색을 골라 칠하세요.

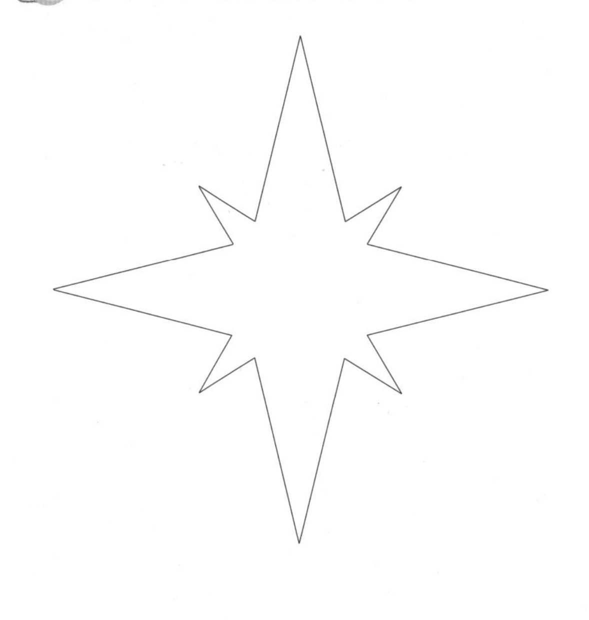

4 아래 그림처럼 입체감이 나타나도록 색칠하세요. 단, 검은색이 아니라 여러분이 좋아하는 색을 골라 칠하세요.

5 게임과 함께 방위를 익혀보아요!

동, 서, 남, 북은 방위 이름입니다. 대신 동쪽, 서쪽, 남쪽, 북쪽은 방향을 나타내는 말입니다.
방향이란 어느 방위를 향한 쪽을 말하지요.
그럼, 간단한 게임과 함께 방위를 이용하여 사물의 위치나 방향을 나타내는
연습을 해볼까요?

연계교과 **3학년 1학기 사회** / 1. 우리가 살아가는 곳 2) 지도에 쓰이는 약속

1. 방향 파악하기

그림을 보고, 다음 순서대로 지워보세요. 남아 있는 산의 개수는 모두 몇 개일까요?
단, 학교, 강, 과수원 바로 **옆 칸**에 해당하는 산에만 ×표 해야합니다.

① 학교( ) 서쪽에 있는 산( )에 모두 ×표를 하세요.
② 강( ) 동쪽에 있는 산에도 모두 ×표를 하세요.
③ 이번에는 두 과수원( ) 사이에 있는 산을 모두 ×표 해보세요.

북
서 동
남

( )

2. 방향 파악하기

그림은 동물원에 있는 여러 동물들의 위치를 보여줍니다. 지금 내가 있는 곳에서 바라볼 때, 찾아가려는 동물들은 어느 방향에 있는지 □ 안에 쓰세요.

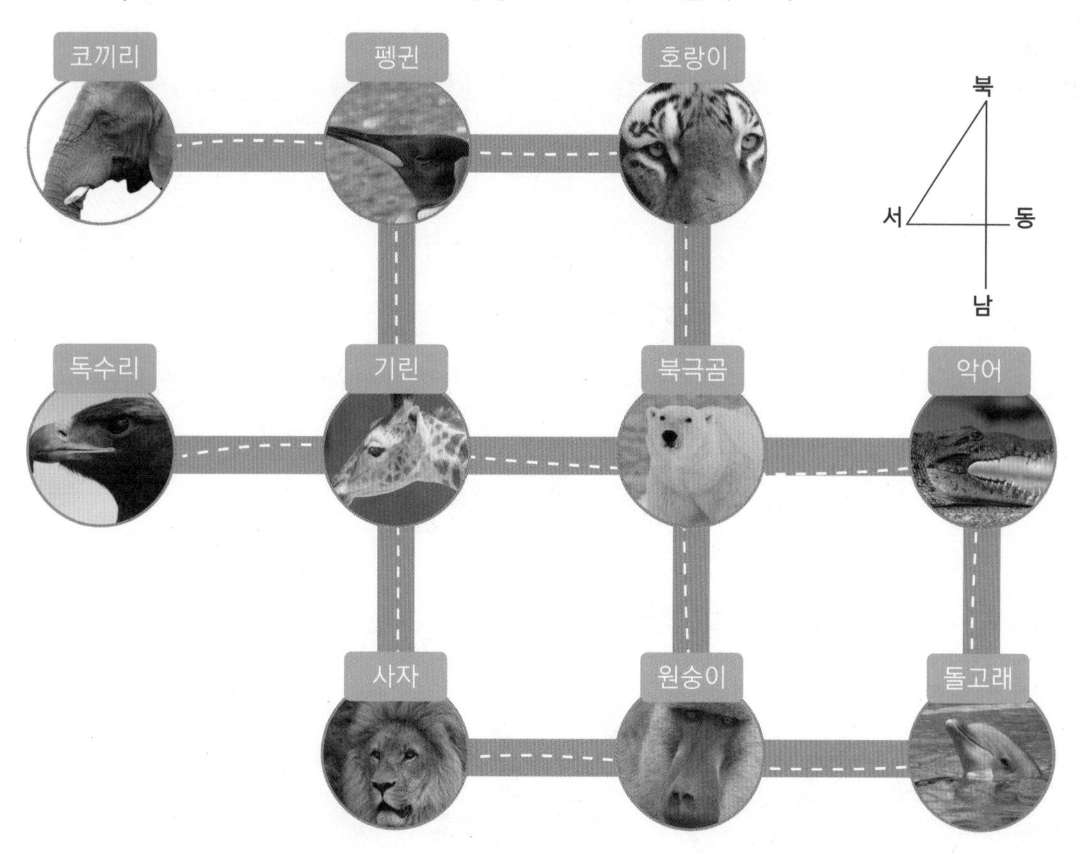

지금 내가 있는 곳	찾아가려는 동물	방향
코끼리	사자	남동쪽
호랑이	기린	□□쪽
독수리	호랑이	□□쪽
돌고래	펭귄	□□쪽
사자	북극곰	□□쪽

6 방위로 위치를 설명하면 편리해요!

앞쪽, 오른쪽 등은 보는 사람의 위치에 따라 다릅니다.
그렇지만 북쪽, 서쪽 등은 누가 보더라도 같지요.
방위를 이용하면 사물의 위치와 관계를 편리하게 나타낼 수 있습니다.
그럼, 여러 장면에서 방위를 이용하여 위치를 설명해 봅시다.

연계교과 **3학년 1학기 사회** / 1. 우리가 살아가는 곳 2) 지도에 쓰이는 약속

1. 방위로 위치 설명하기 1

놀이터의 모습입니다. 물음에 알맞은 말을 찾아 ○표 하거나, □ 안에 쓰세요.

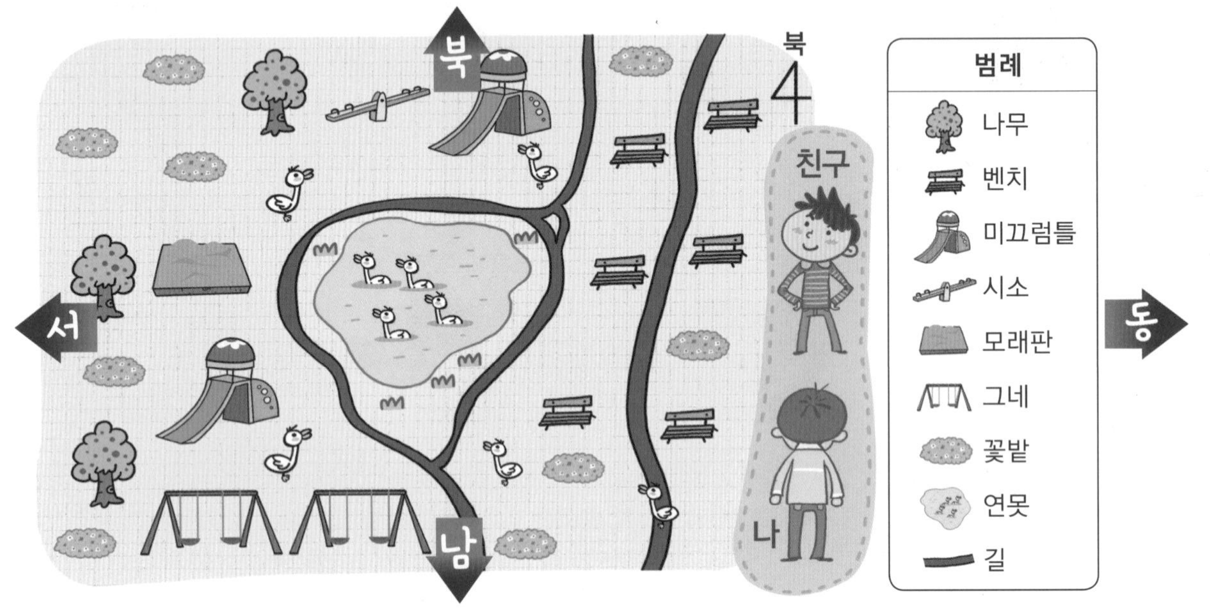

1 연못은 나와 친구가 서 있는 곳에서 어느 쪽에 있나요?
"연못은 내가 보기에는 (왼, 오른)쪽에 있지만, 친구가 보기에는 (왼, 오른)쪽에 있습니다."
"연못은 내가 보아도 (서, 동)쪽에 있고, 친구가 보아도 (서, 동)쪽에 있습니다."

2 가장 남쪽에 있는 놀이 기구는 무엇인가요? (□□)

3 시소에 앉아 동쪽을 바라보면 가장 가까이에 무엇이 있나요? (□□□□)

4 연못에서 헤엄치는 오리들은 모두 어느 방향을 바라보고 있나요? (□쪽)

5 모래판에서 어느 방향으로 가야 연못에 닿을 수 있나요? (□쪽)

6 길을 따라 남쪽으로 곧장 가면 마지막에 어떤 동물과 마주치게 될까요? (□□)

2. 방위로 위치 설명하기 2

우리 동네 모습입니다. 물음에 알맞은 방위를 □ 안에 넣어 문장을 완성하세요.

범례

- 미래네 집
- 학교
- 세모네 집
- 마트
- 피자가게
- 경찰서

1. 방위표의 나머지 빈자리에 방위 이름을 써 넣으세요.
2. 세모네 집에서 학교에 가려면, □쪽 방향으로 걷는 길이 가장 빠릅니다.
3. 경찰관 아저씨가 달빛 공원을 순찰하려면 경찰서에서 나와 □쪽으로 가다가 다시 □쪽 방향으로 가야합니다.
4. 학생들이 방과 후에 달빛 공원으로 놀러 가려면 □쪽으로 이동해야 합니다.
5. 미래네 집에서 피자 가게는 □쪽에 있습니다.
6. 마트는 학교의 □□쪽에 자리 잡고 있습니다.

7 방위표는 지도를 읽는데 꼭 필요해요!

방위표는 지도의 기본 요소입니다.
만일 지도에 방위표가 없다면, 지도의 위쪽이 북쪽을 나타내는 것으로 약속되어 있습니다.
하지만 방위표의 모양에 따라 지도의 위쪽이 북쪽을 나타내는 것이 아닐 수도 있습니다.
지도를 읽는 데 방위표가 왜 필요한지 확인해 보세요.

연계교과 **3학년 1학기 사회** / 1. 우리가 살아가는 곳 2) 지도에 쓰이는 약속

1. 위치와 방향 파악하기 1

지도는 우리나라의 주요 도청 소재지를 나타냅니다. 방위표를 바탕으로 물음에 알맞은 답을 고르세요.

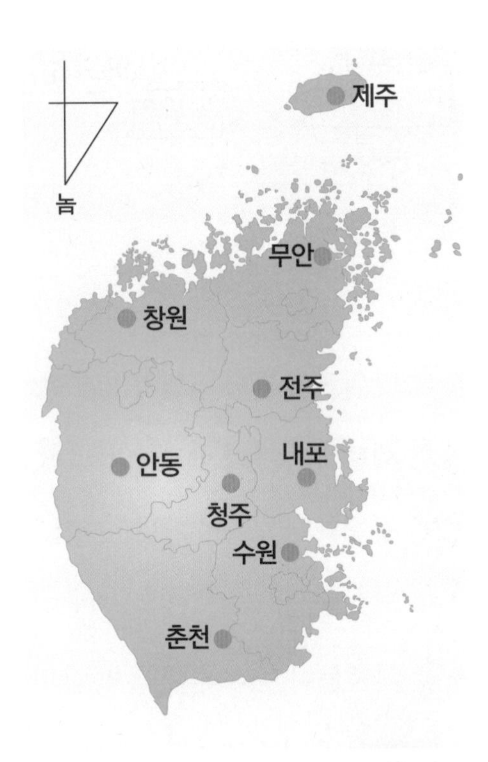

1 세모네 가족은 자가용을 타고 춘천에서 출발하여 내포로 가고 있습니다. 어느 방향으로 운전 중인가요? (　　　)

① 북서　② 북동
③ 남서　④ 남동

2 미래네 가족은 제주에서 창원으로 가는 비행기를 타고 있습니다. 어느 방향으로 날고 있나요? (　　　)

① 북서　② 북동
③ 남서　④ 남동

3 재호네 가족은 수원에서 안동까지 가는 기차를 타고 있습니다. 어느 방향으로 달리고 있나요? (　　　)

① 북서　② 북동
③ 남서　④ 남동

4 수영이네 가족은 청주에서 무안까지 자전거 여행 중에 있습니다. 어느 방향으로 이동 중인가요? (　　　)

① 북서　② 북동　③ 남서　④ 남동

지도의 위쪽이 북쪽이 아니라서 방향을 알아보기 힘들다면 책을 돌려서 지도의 위쪽이 북쪽이 되도록 한 후 방향을 구해보세요.

2. 위치와 방향 파악하기 2

지도는 동아시아에 있는 주요 도시들의 위치를 나타냅니다. □ 안에 알맞은 방위를 쓰세요.

오른쪽이니 왼쪽이니 하는 말은 서로(=상, 相) 마주보는(=대, 對) 것, 곧 기준이 있어야 쓸 수 있습니다. 그래서 상대적인 위치 표현 방식이라고 합니다. 방위를 이용하여 위치를 나타내는 것도 상대적인 위치 표현 방식입니다. 건물의 남쪽, 산의 동쪽과 같이 어떤 위치를 나타낼 때는 기준이 있어야 하기 때문이지요.

1. 우리나라에서 볼 때 중국은 우리나라의 □쪽, 러시아는 □쪽, 일본은 □쪽에 위치합니다.

2. 우리나라의 동쪽, 러시아의 남쪽, 일본의 서쪽에 있는 바다 이름은 무엇인가요?
(□□)

3. 우리 가족은 서울에서 베이징으로 여행을 가기 위해 비행기를 탔습니다.
어느 방향으로 이동 중인가요? (□□쪽)

4. 충칭 사람들이 서울 명동으로 여행을 준비 중입니다.
충칭 사람들이 탄 서울행 비행기는 어느 방향으로 날아가야 하나요? (□□쪽)

5. 우리나라에서 서쪽으로 계속 배를 타고 가면 어느 나라 땅에 닿을까요? (□□)

act 3. 위치와 방향 파악하기 3

지도는 세계 여러 대양과 대륙의 위치와 모습을 보여줍니다. □ 안에 알맞은 말을 쓰세요.

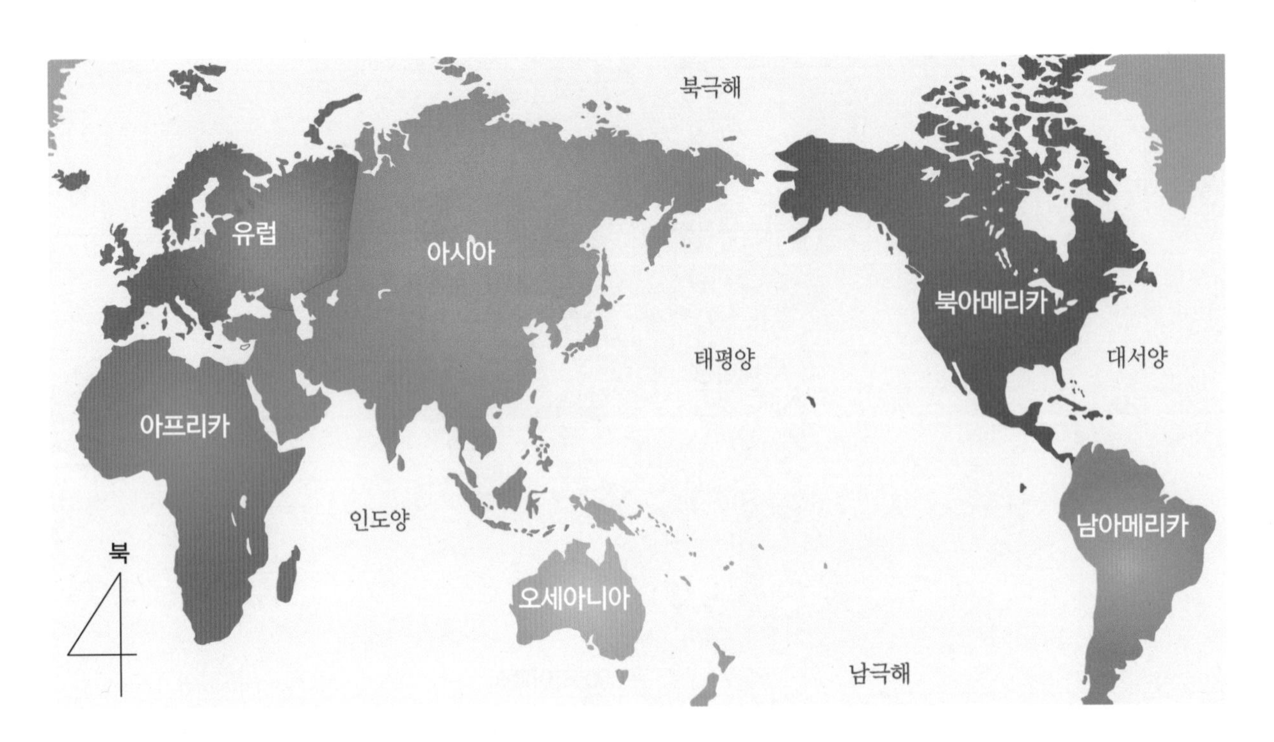

1 유럽의 동쪽에 위치한 대륙의 이름은 무엇인가요? (□□□)

2 아주 귀한 보물이 아프리카의 동쪽과 아시아의 남쪽에 위치한 대륙에 묻혀있습니다. 이 보물은 어느 대륙에 있을까요? (□□□□□)

3 인도양은 아프리카의 □쪽, 오세아니아의 □쪽에 위치하고 있습니다.

4 가장 북쪽에 위치한 대양의 이름은 무엇인가요?
(□□□)

대륙(大陸)은 큰 땅이라는 뜻으로 지구에는 아시아, 유럽, 아프리카, 북아메리카, 남아메리카, 오세아니아 이렇게 여섯 개의 대륙이 있습니다. **대양**(大洋)은 큰 바다라는 뜻으로 지구에는 태평양, 대서양, 인도양, 북극해, 남극해 이렇게 다섯 개의 대양이 있습니다. 그리고 여섯 개의 대륙은 **육대주**(六大洲)라고 하고, 다섯 개의 대양은 **오대양**(五大洋)이라고 합니다

5 남아메리카의 북쪽에 위치한 대륙의 이름은 무엇인가요?
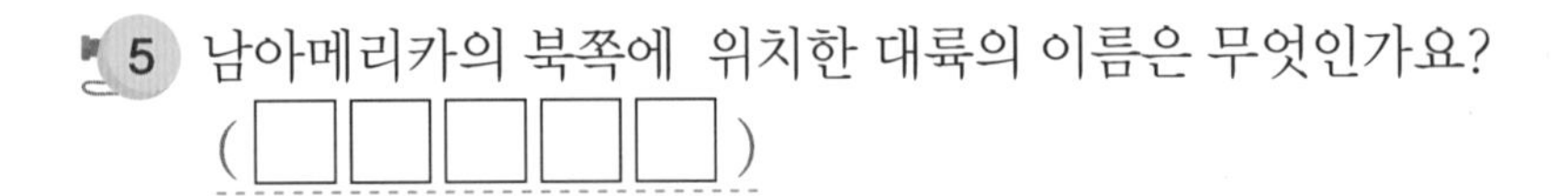
(□□□□□)

지금까지 배운 내용을 정리해봅시다!

1 지도의 기본 요소와 관련하여 관계 깊은 것끼리 서로 이어보세요.

지도 제목 •	• 지도에 쓰이는 기호의 뜻을 알려줍니다. 지도마다 쓰이는 기호는 다를 수 있기 때문입니다.
방위표 •	• 좋은 지도에는 그것이 어떤 곳의 무엇을 나타내고 있는지를 알려주는 이름이 붙어 있습니다.
축척 •	• 지도에서 위치를 파악하는 데 중요하게 쓰입니다. 이것이 없을 때는 지도의 위쪽이 북쪽을 나타냅니다.
범례 •	• 지도를 만든 사람이나 기관, 그리고 날짜를 말합니다. 지도에 대한 믿음을 주고, 지도가 얼마나 오래 되었는지를 아는 데 중요합니다.
제작자와 제작일 •	• 지도가 실제의 땅을 얼마나 줄여서 나타냈는가를 보여줍니다. 막대 모양의 줄인자로 나타냅니다.

2 방위표를 완성하세요.

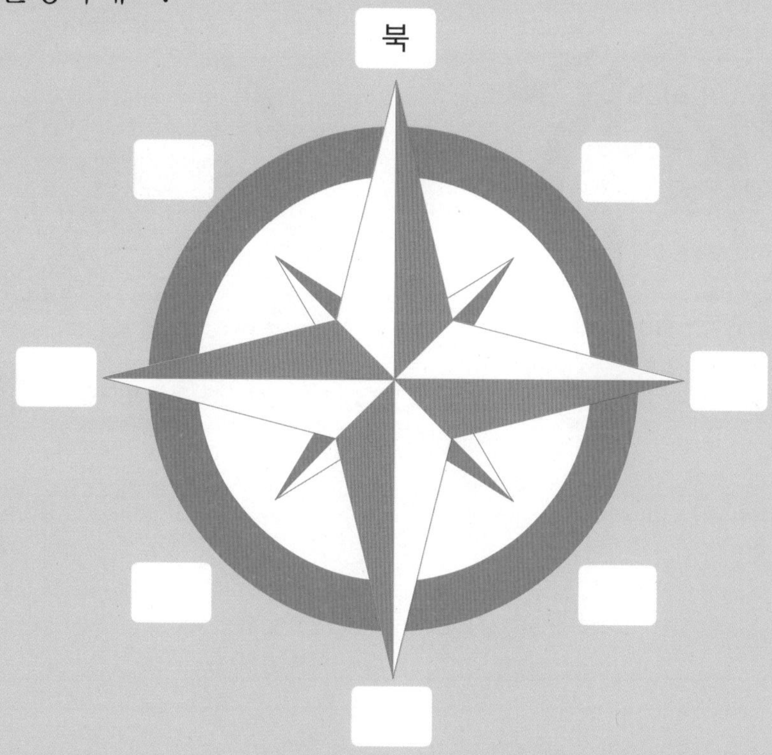

잠시 쉬어 갈까요?

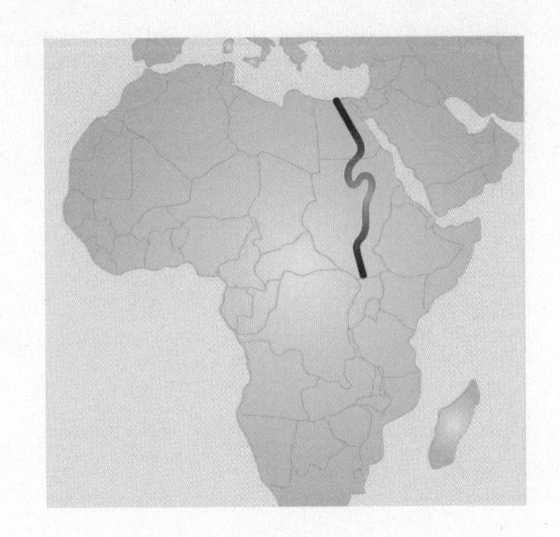

장소마다 시대마다 방위가 서로 달랐답니다!

세상 사람은 모두가 항상 위를 북쪽으로 놓고 지도를 그렸을까요? 방위를 정하는 방법이 꼭 동서남북만 있는 것은 아니랍니다. 예전엔 장소마다 방위를 나타내는 방식이 서로 다르기도 하였습니다. 예를 들어 태평양의 화산섬 하와이에서는 산과 바다를 기준으로 삼아 '산 쪽', '바다 쪽' 등 두 가지로만 방위를 정했답니다. 주변이 온통 망망대해인 태평양으로 둘러싸여 있어서 그랬겠지요?

고대 이집트 사람들은 '강 위쪽'과 '강 아래쪽' 등 방위를 두 가지로만 정하여 썼다는 군요. 위 지도에서처럼 나일 강은 이집트의 남에서 북으로 거의 곧게 흐르고 있고 강가를 벗어나면 온통 사막으로 막혀 있기 때문이었을 겁니다. 게다가 이 사막들은 높기까지 하여 나일 강가는 천연요새라고 할 수 있습니다.

남태평양의 솔로몬 섬 사람들은 '육지 쪽', '바다 쪽', '해변 위쪽', '해변 아래쪽' 등 네 가지로 방위를 정했다고 합니다. 강이나 바다가 그들의 생활에 얼마나 큰 영향을 주었을지 짐작할 수 있을 듯합니다.

그리고 시대마다 중요하게 여겼던 방위도 서로 달랐습니다.

다음 그림과 설명을 보세요.

"나는 'TO 지도'입니다. 중세 유럽 사람들이 그린 세계 지도지요. 중세 유럽 사람들은 지상낙원인 에덴동산이 있다고 믿었던 동쪽을 매우 신성하게 여겼습니다. 그래서 지도를 그릴 때에도 아시아가 있는 동쪽을 위로 놓았답니다. 지도의 한 가운데에는 기독교의 성지인 예루살렘을 위치시켰지요!"

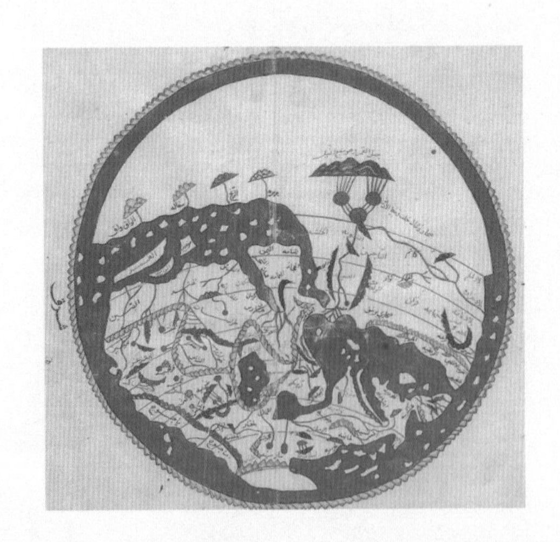

"나는 '이드리시 세계 지도'입니다. 중세 이슬람 세계의 이드리시라는 지리학자가 그렸거든요. 중세 아랍 사람들은 이슬람교의 성지가 있었던 남쪽을 바라보는 마음이 남달랐습니다. 그래서 지도를 그릴 때에도 남쪽을 위로 놓았답니다. 지도의 한 가운데에는 이슬람교의 성지인 메카를 위치시켰지요!"

둘
기호와 범례 살펴보기

이 단원에서는 지도의 기호와 범례에 대하여 공부합니다.
기호는 어떤 정보를 글자보다 자리를 적게 차지하면서
간략히 나타낼 수 있는 장점이 있습니다.
그래서 지도에서는 많은 정보를 제 위치에 정확하게 표시하기 위해
기호와 범례를 이용하고 있습니다.
그렇게 하면 우리가 살아가는 세상을 줄여서 그린 지도에
많은 정보를 간단하게 담을 수 있고,
제 위치에 정확하게 표시할 수 있기 때문이지요.

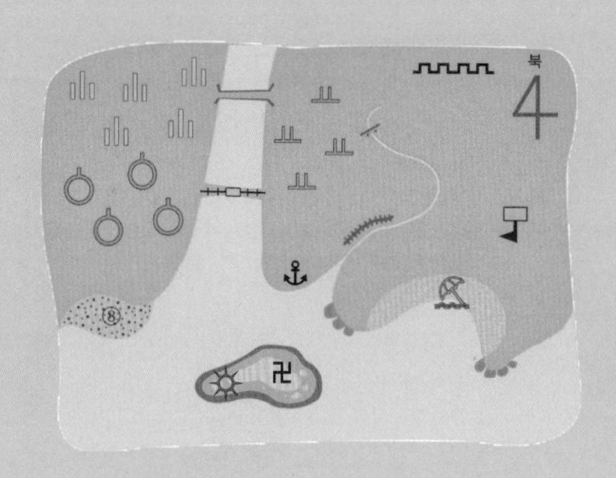

8 지도에서 기호와 범례는 왜 필요할까요?

지도는 여러 기호나 색깔로 뜻을 나타냅니다.
그래서 기호나 색깔이 무엇을 뜻하는지 알려주는 범례라는 장치가 꼭 필요합니다.
범례란 기호 일러두기 입니다.
그럼, 먼저 기호와 범례의 쓸모부터 알아볼까요?

연계교과 **3학년 1학기 사회** / 1. 우리가 살아가는 곳 2) 지도에 쓰이는 약속

1. 기호의 장점 알아보기

어떤 정보를 글자 대신에 기호로 나타내면 어떤 장점이 있을까요? 물음에 알맞은 답을 고르세요.

1 같은 크기의 네모 안에 글자와 기호로 정보를 담아 보았습니다. 다음 중 어느 것이 더 많은 정보를 담을 수 있나요?

① 사 더하기
삼은
칠이다.

② 4+3=7
1+2=3
5+6=11

2 충남 지방의 일기 예보를 글과 기호로 나타내 보았습니다. 다음 중 어느 것이 한눈에 알아보기에 더 쉬운가요?

①
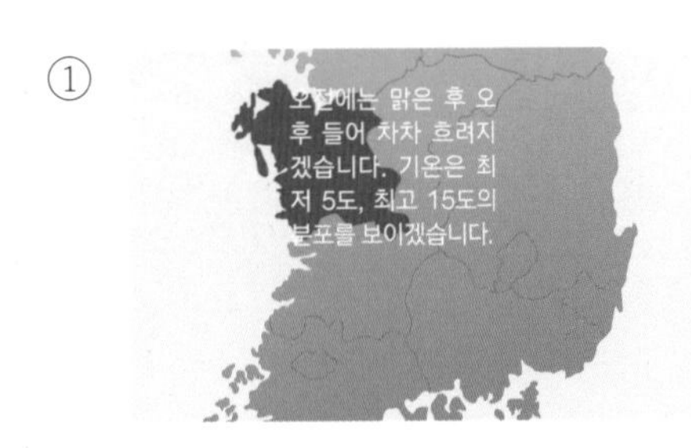

②
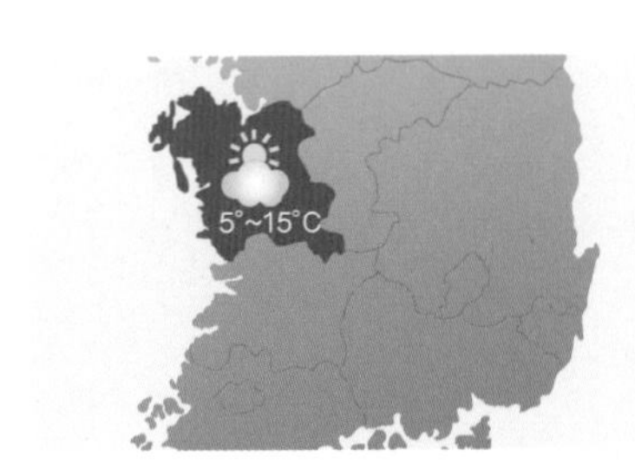

3 다음 중 어느 것이 자리를 적게 차지하면서도 사물의 위치를 더 정확히 나타낼 수 있나요?

①
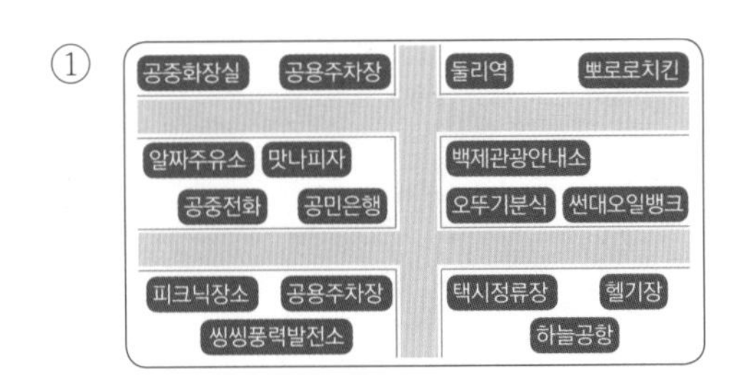

②
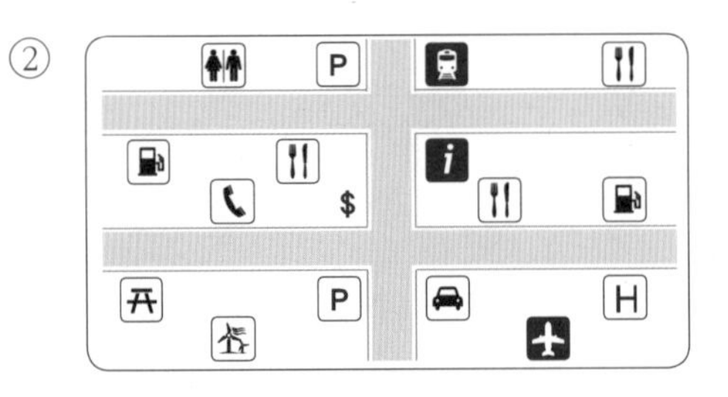

2. 범례의 필요성 알기

(가), (나)는 어느 도시의 주차장 안내에 관한 정보입니다. 물음에 알맞은 말을 찾아 ○표 하거나, □ 안에 쓰세요.

(가)

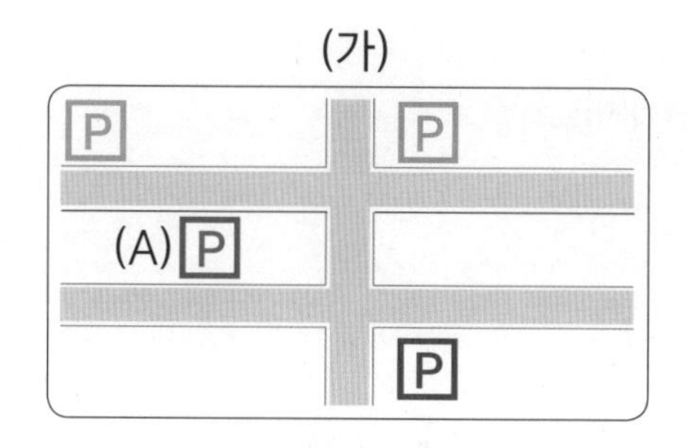

(나)

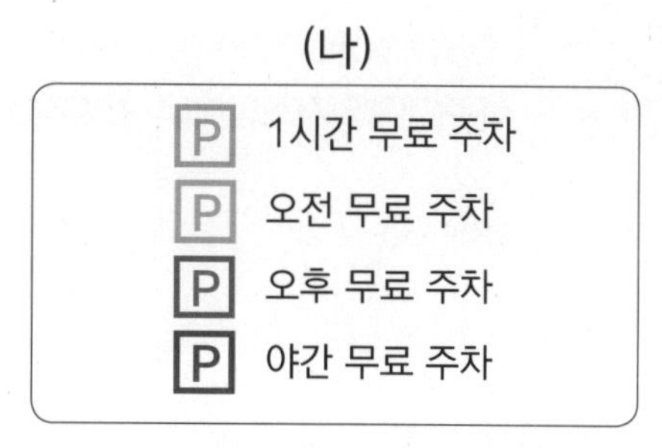

1 아빠는 오전에 (A) 주차장에 2시간 동안 주차하였습니다. 주차비를 어떻게 해야 할까요?

(내야 한다, 내지 않는다)

2 그 이유는 무엇일까요?

붉은 색으로 표시된 (A) 주차장은 □□에만 무료로 주차할 수 있기 때문에

3 그런 정보는 어떻게 알 수 있나요?

(나)에 있는 '기호 일러두기', 곧 □□를 통하여

3. 범례의 쓸모 알기

오스트레일리아에 관한 어떤 정보를 나타내고 있는 지도입니다.

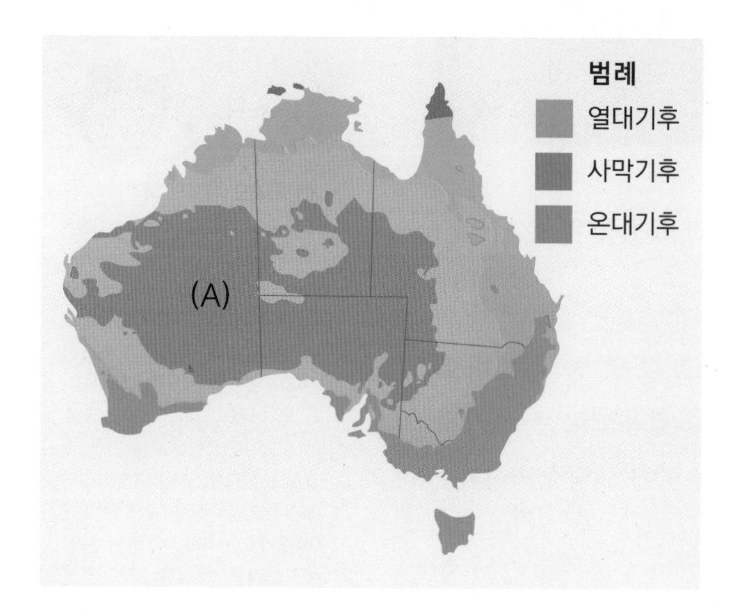

1 (A) 지역에는 어떤 기후가 나타날까요?

□□기후

2 (A) 지역의 기후가 무엇인지 어떻게 알 수 있나요?

지도 오른쪽 위에 있는 □□를 바탕으로

9 대동여지도에서도 기호와 범례를 썼어요!

지도는 작게 그린 세상 모습입니다.
작은 크기에 여러 정보를 차곡차곡 담으려다 보니 기호와 범례가 필요하게 된 것이지요.
우리의 옛 지도 중에도 기호와 범례를 아주 잘 활용한 지도가 있습니다.
바로 대동여지도입니다. 간략히 한번 살펴볼까요?

연계교과 **3학년 1학기 사회** / 1. 우리가 살아가는 곳 2) 지도에 쓰이는 약속

1. 대동여지도에 쓰인 기호와 범례 살펴보기

대동여지도는 조선 후기에 김정호가 그린 우리나라 지도입니다. 대동여지도에 쓰인 기호와 범례를 알아봅시다. 물음에 알맞은 말을 찾아 ○표 하거나, □ 안에 쓰세요.

(가)

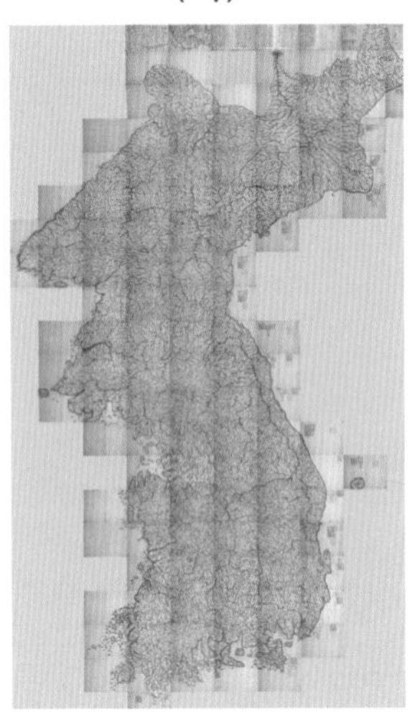

(나)

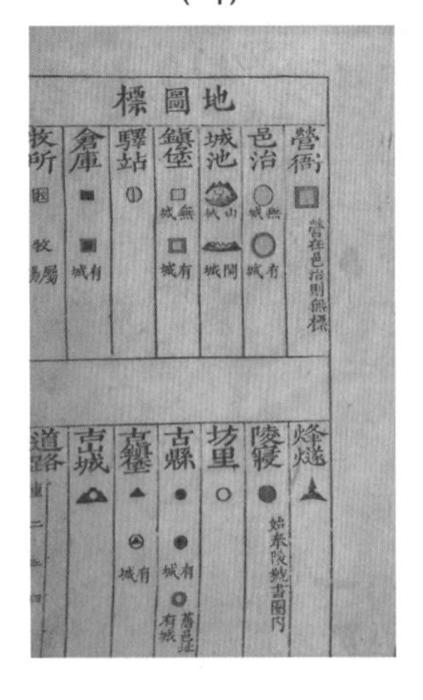

1 (가)는 대동여지도의 모습입니다. 누가 그렸을까요?
(김정호, 김유신)

2 (가)에는 훌륭한 점이 참 많습니다. 그 중의 하나가 바로 (나)와 같이 지도표(地圖標)라는 것을 활용했다는 점이지요. (나)는 지도의 기본 요소 가운데 무엇에 해당할까요?

잠깐만요!

대동여지도 이전의 여러 지도는 붓으로 그려졌습니다. 필사본이라고 합니다. 그렇지만 대동여지도는 나무판에 새겨 찍어냈습니다. 목판본이라고 하지요. 그런데 필사본보다 목판본은 복잡한 글자나 그림을 지도에 그려 넣기가 더 어렵습니다. 따라서 지도에 담을 여러 정보를 간단한 기호로 표시할 필요성이 더 커졌던 것이지요. 대동여지도에 지도표(地圖標)라는 아이디어가 등장한 이유 중의 하나랍니다.

2. 지도표로 대동여지도 읽기

(가), (나)를 보고, 알맞은 답을 찾아 선으로 잇거나, ○표 하세요.

(가) 대동여지도의 일부

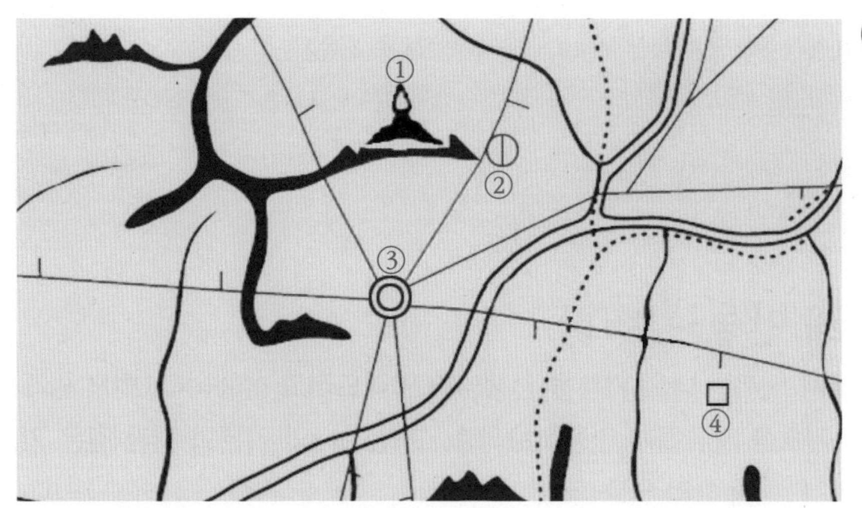

(나) 지도표

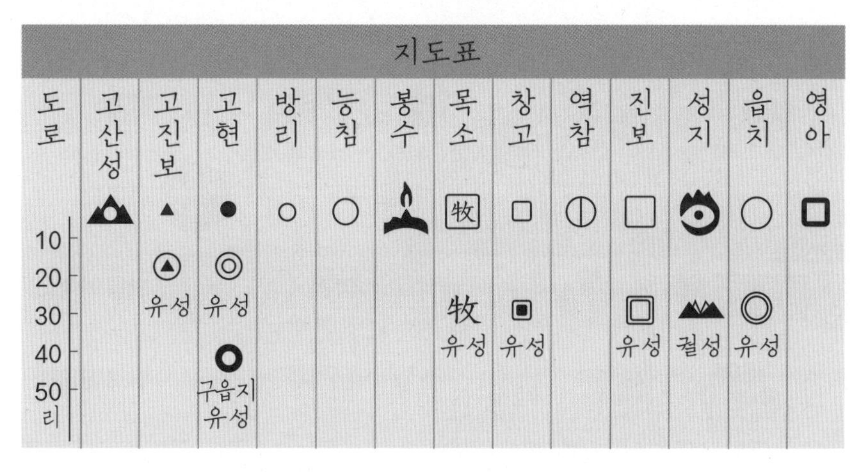

지도표의 도로는 지도에 표시된 선의 한 마디(⊥⊥)가 10리라는 것을 보여줍니다. 10리는 현재 길이 단위로 약 4km 정도입니다.

1 (가)의 ①~④ 기호는 각각 무엇을 나타내나요?

① ·	· 봉수(봉화 불을 지피던 곳)
② ·	· 창고(나라의 물건을 쌓아두던 곳)
③ ·	· 역참(마패를 보여주면 말을 내 주던 곳)
④ ·	· 읍치(고을 수령이 일을 보는 관아가 있던 곳)

2 (가)의 ③에는 성이 있었을까요(유성), 없었을까요(무성)? (유성, 무성)

3 (가)의 ③~④ 사이의 거리는 대략 얼마일까요? (10, 20, 30)리

4 만일 (나)와 같은 지도표가 없다면 어떤 문제가 생길까요?

대동여지도에 나타난 여러 정보의 뜻을 (알기 어렵다, 더 잘 알 수 있다).

10 기호와 범례는 쓰임새가 많아요!

기호와 범례는 쓰임새가 많습니다.
여러 사물의 위치나 특성을 글자보다 편리하게 나타낼 수 있기 때문이지요.
그럼, 일상생활에서 기호와 범례가 실제로 어떻게 활용될 수 있는지
알아볼까요?

연계교과 **3학년 1학기 사회** / 1. 우리가 살아가는 곳 2) 지도에 쓰이는 약속

1. 기호와 범례 만들어보기

학교의 여러 장소에서 느끼는 나의 기분을 선생님께 알려드리고 싶습니다. 먼저 범례의 □ 안에 들어갈 기호를 자유롭게 만들어보세요. 그리고 나의 기분과 관계 깊은 기호를 골라 각 장소의 (   )에 그려 넣으세요.

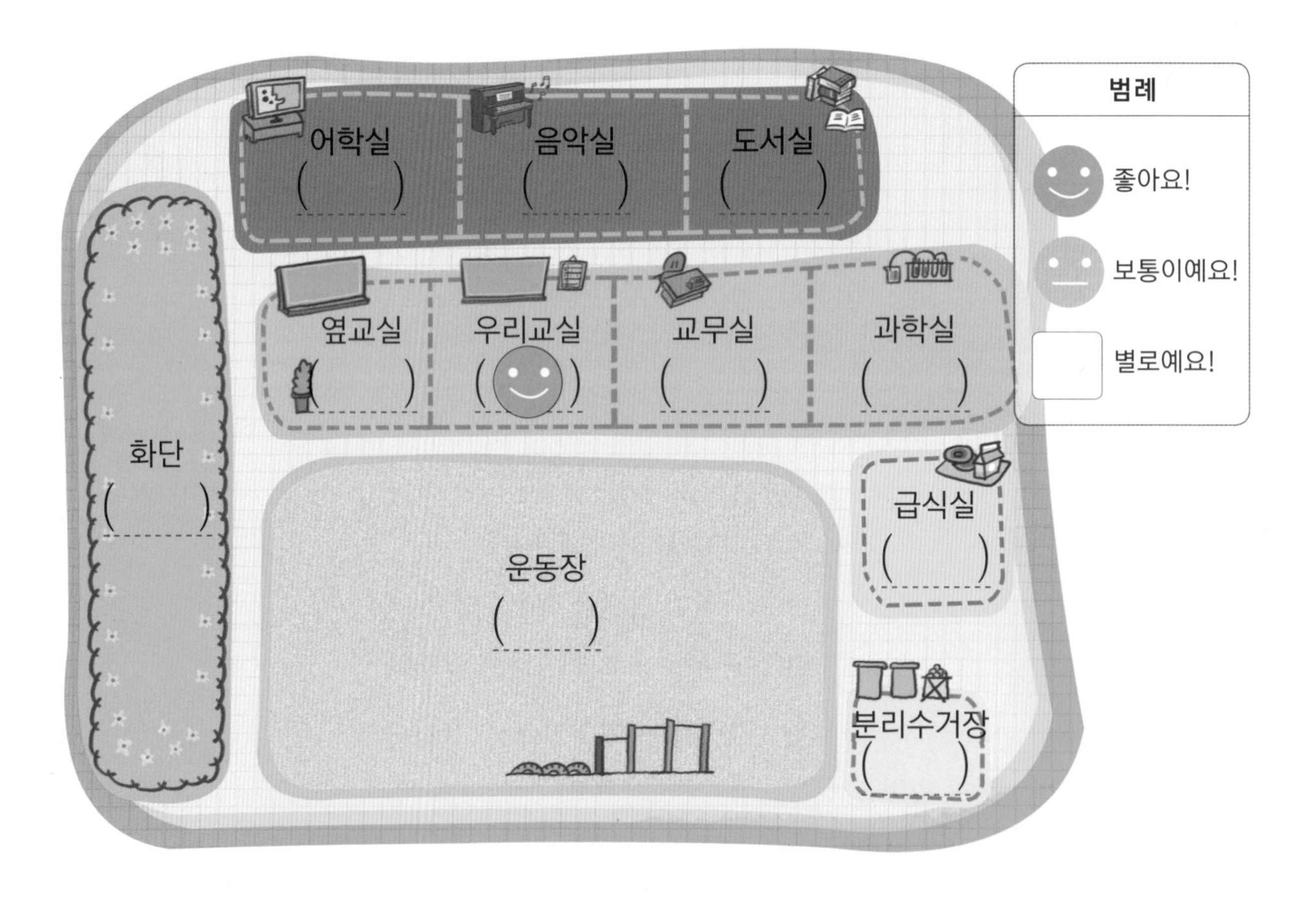

2. 기호와 범례 읽기 1

야구장 그림입니다. 물음에 알맞은 답을 찾아 그림에 직접 표시하거나, □ 안에 쓰세요.

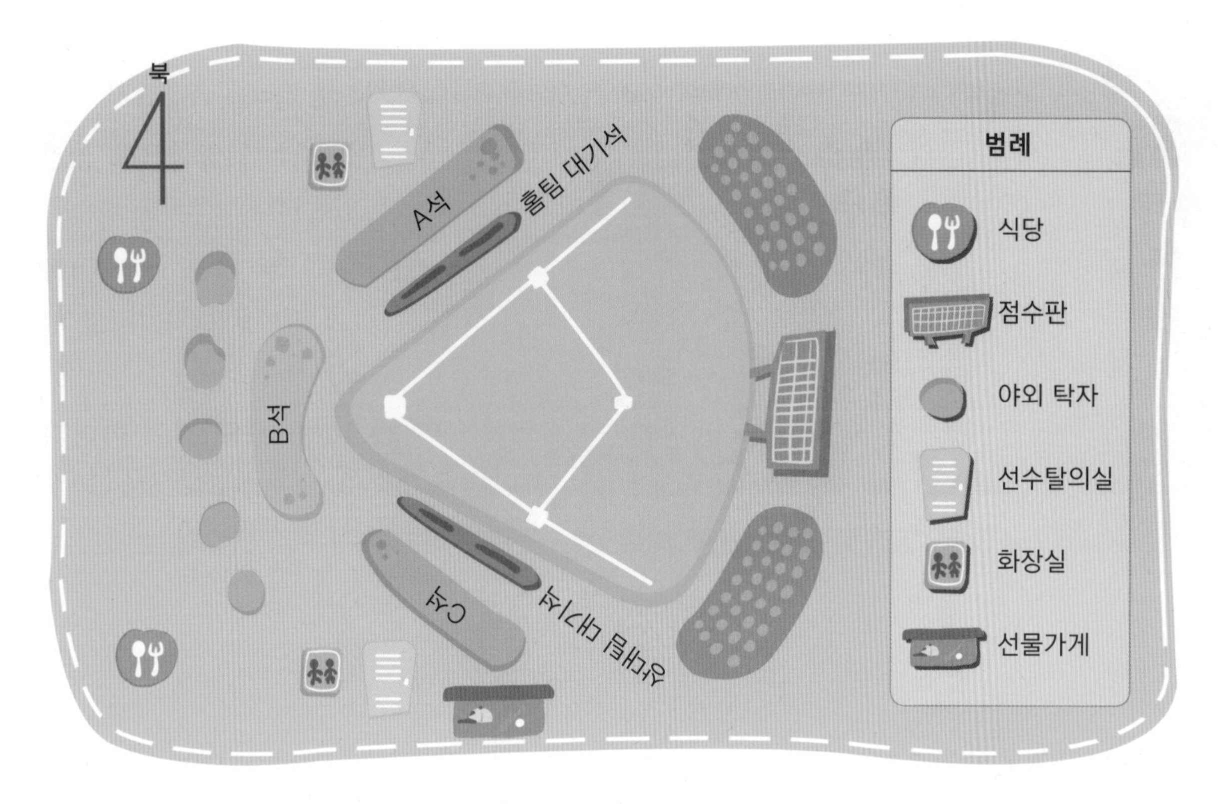

1 식당은 몇 개나 있나요? □개

2 선물 가게를 찾아 ○표 하세요.

3 야외 탁자는 몇 개나 있나요? □개

4 선수 탈의실을 찾아 모두 ×표 하세요.

5 점수판을 찾아 △표 하세요.

6 홈팀 선수 대기석 뒤에 있는 좌석의 이름은 무엇인가요? □석

7 선물 가게에서 가장 가까운 좌석의 이름은 무엇인가요? □석

8 화장실은 모두 몇 개인가요? □개

3. 기호와 범례 읽기 2

어느 고장의 모습을 나타낸 지도입니다. 기호와 범례를 바탕으로 알맞은 말에 ○표 하세요.

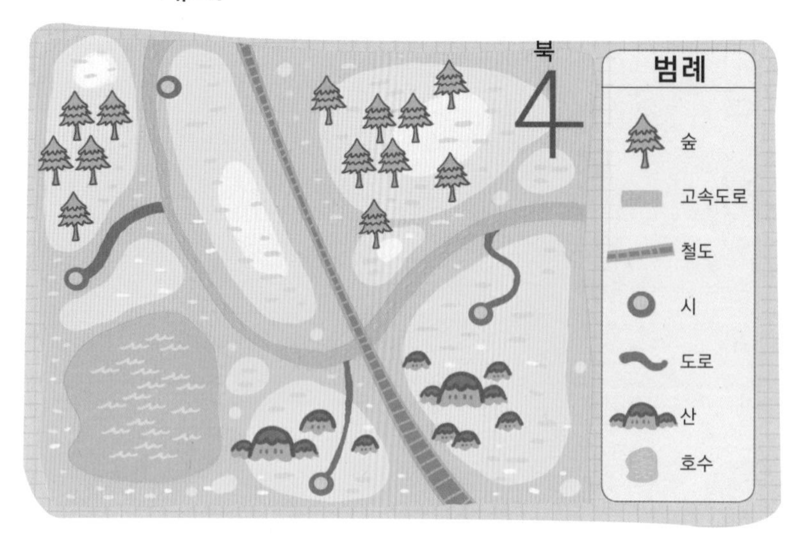

1 철도는 (북서-남동, 북동-남서)방향으로 놓여 있습니다.

2 산은(동, 서, 남, 북)쪽의 대부분을 차지하고 있습니다.

3 고속도로와 직접 이어져 있는 도시는 모두(1, 2, 3, 4)개 입니다.

4 (철도, 고속도로)를 따라 여러 도시가 자리 잡고 있습니다.

5 지도의 남서쪽에 있는 것은 (호수, 숲, 산, 도시)입니다.

6 가장 남쪽에 있는 도시는 산의 (남, 북)쪽, 철도의 (동, 서)쪽에 위치하고 있습니다.

4. 기호와 범례 읽기 3

어느 지역을 간략히 나타낸 지도입니다. 물음에 알맞은 답을 찾아 표시하거나, 색칠해 보세요.

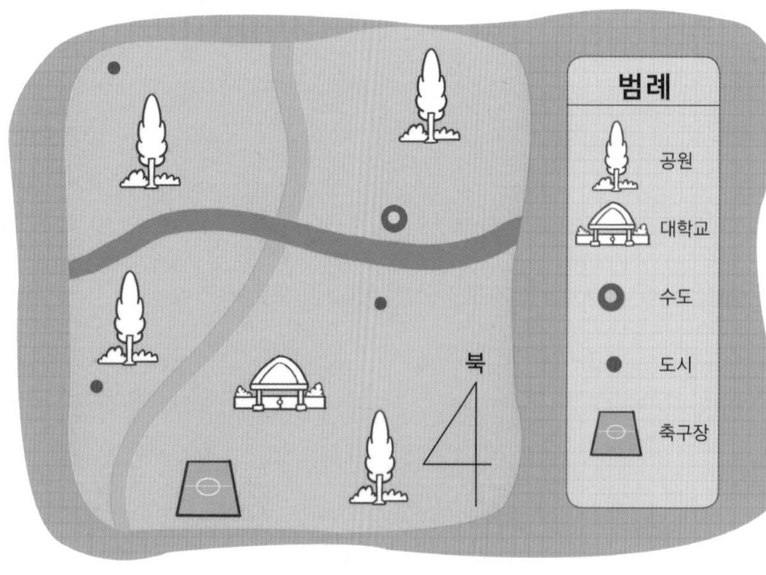

1 도시를 찾아 모두 ○표 하세요.

2 축구장을 찾아 △표 하세요

3 수도를 찾아 ×표 하세요.

4 공원을 찾아 초록색으로 칠하세요.

5 대학교를 찾아 빨간색으로 칠하세요.

5. 기호와 범례 활용하기

어느 고장의 모습을 지도로 그리고 있습니다. 기호와 범례를 활용하여 물음에 답하세요.

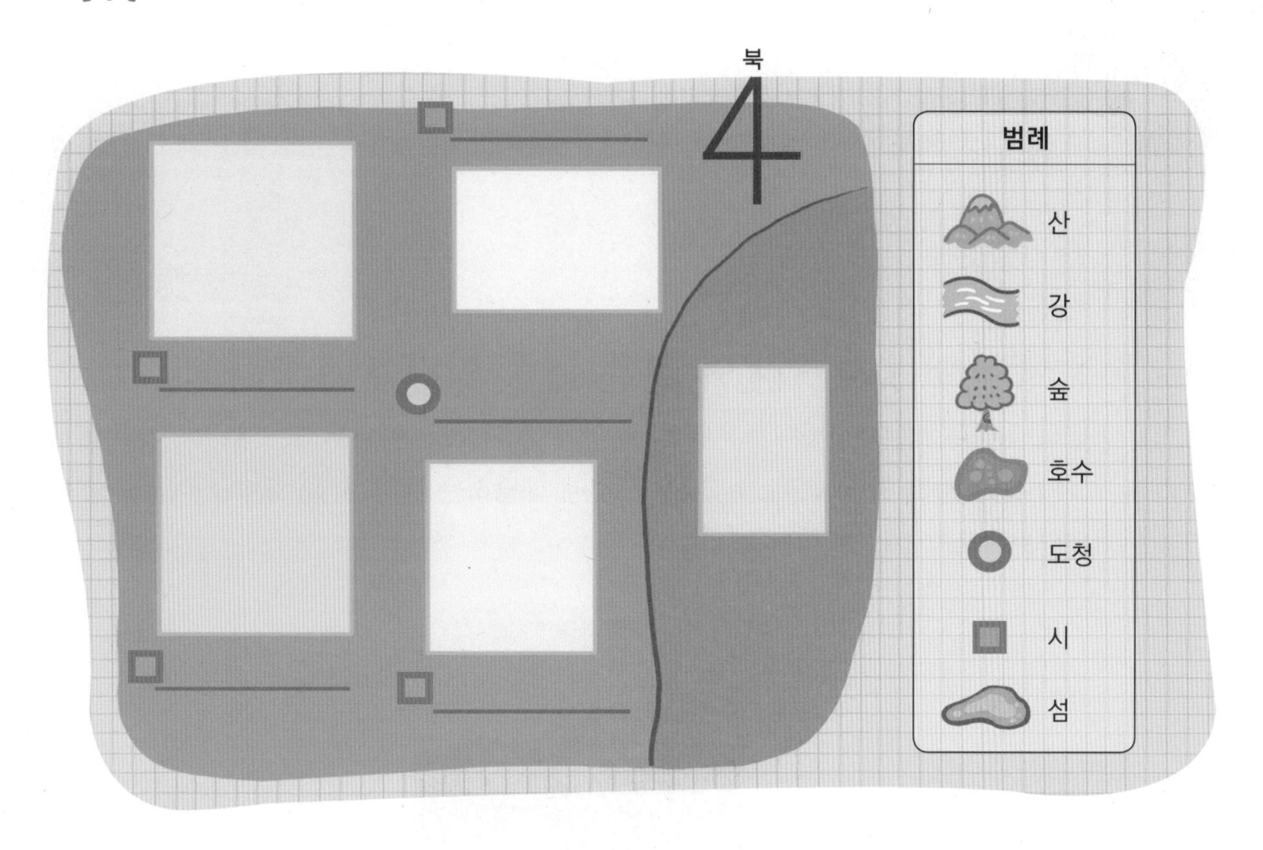

1 다음 설명에 해당하는 위치에 알맞은 기호를 약도의 □ 안에 그려 넣으세요.

① 호수는 도청 남쪽에 있다.

② 숲은 호수 서쪽에 있다.

③ 섬은 도청의 동쪽에 있다.

④ 산은 숲의 북쪽에 있다.

⑤ 강은 산의 동쪽에서 흐른다.

2 다음 설명에 해당하는 곳의 이름을 약도의 ________에 쓰세요.

① '달빛' 시는 도청 이름이다.

② '별빛' 시는 강의 북쪽에 있다.

③ '하늘' 시는 숲의 남쪽에 있다.

④ '햇살' 시는 호수 남쪽에 있다.

⑤ '푸름' 시는 강의 서쪽에 있다.

11 지도의 기호는 사물 모습을 본떠 만들어요!

지도에 쓰이는 여러 기호들은 실제 사물의 모습을 본떠서 그리는 것이 보통입니다.
사람들이 쉽게 알 수 있도록 하기 위해서지요.
나라마다 지도 기호는 조금씩 다릅니다.
그럼, 우리나라에서 널리 쓰이는 지도 기호에 대하여 알아볼까요?

연계교과 **3학년 1학기 사회** / 1. 우리가 살아가는 곳 2) 지도에 쓰이는 약속

1. 빨간색 지도 기호가 본뜬 사물 알아보기

빛이나 열을 내는 사물을 나타내거나 눈에 잘 띄게 하려는 경우에는 빨간색 기호를 씁니다. 기호들을 빨간색으로 칠하고, 그것에 해당하는 실제 사물 모습과 이름을 찾아 이어보세요.

기호	실제 사물 모습	이름
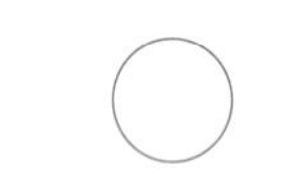	 오래된 무덤이 옹기종기 모여 있는 모양	등대
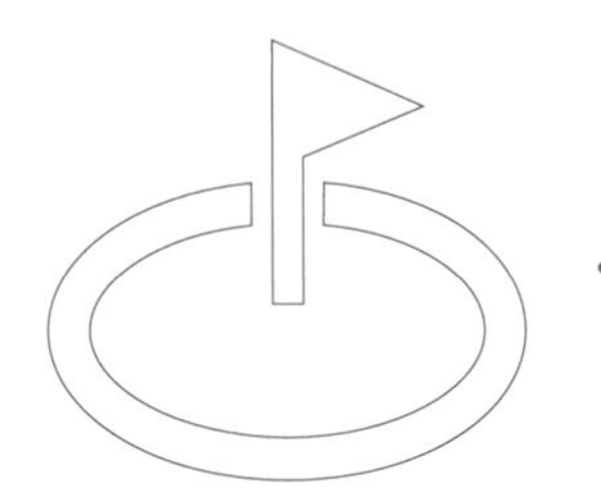	 등대 불빛이 퍼져나간 모양	명승·고적
	 골프장에서 깃발이 꽂혀 있는 '그린' 모습	골프장

2. 파란색과 초록색 기호가 본뜬 사물 알아보기

물이나, 식물과 관계 깊은 사물은 파란색이나 초록색 기호를 씁니다. 기호들을 파란색이나 초록색으로 칠하고, 그것에 해당하는 실제 사물 모습과 이름을 찾아 이어보세요.

기호	실제 사물 모습	이름
파란색으로 칠하세요!	물이 절벽에서 떨어지는 모습	밭
파란색으로 칠하세요!	밭에서 새싹 세 개가 돋아나 있는 모습	해수욕장
초록색으로 칠하세요!	평평한 논바닥과 벼를 베고 난 그루터기 모습	폭포
파란색과 **하얀색**으로 칠하세요!	바닷가 파라솔의 모습	논

3. 검은색 기호가 나타내는 사물 알아보기

보통의 사물들은 검은색 기호를 씁니다. 기호들을 검은색으로 칠하고, 그것에 해당하는 실제 사물 모습과 이름을 찾아 이어보세요.

기호	실제 사물 모습	이름
	배를 제자리에 머물게 할 때 내리는 닻의 모양	공장
	성채 위 부분의 올록볼록한 벽면 모습	절(사찰)
	부처의 가슴이나 손발에 나타나는 덕을 표시하는 인도 옛 글자	성
	공장에서 맞물려 돌아가는 기계들의 톱니바퀴 모양	항구

4. 주황색 기호가 나타내는 사물 알아보기

주황색으로 표시하거나, 두 가지 색을 함께 써서 나타내는 기호도 있습니다. 다음의 각 기호를 지시에 따라 색칠하고, 그것에 해당하는 실제 사물 모습과 이름을 찾아 이어보세요.

기호	실제 사물 모습	이름
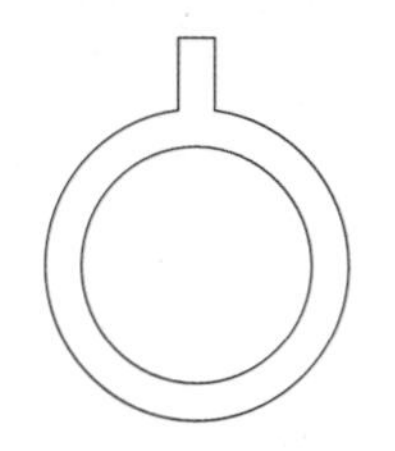 주황색으로 칠하세요!	 긴 철로와 그것을 받치는 침목의 모양	철도
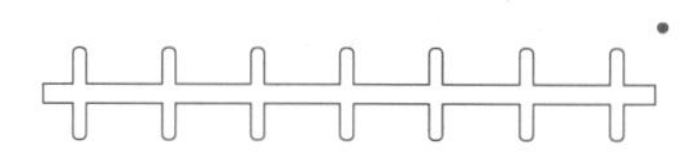 주황색으로 칠하세요!	  강둑을 쌓기 위해 말뚝을 촘촘히 박은 모습	과수원
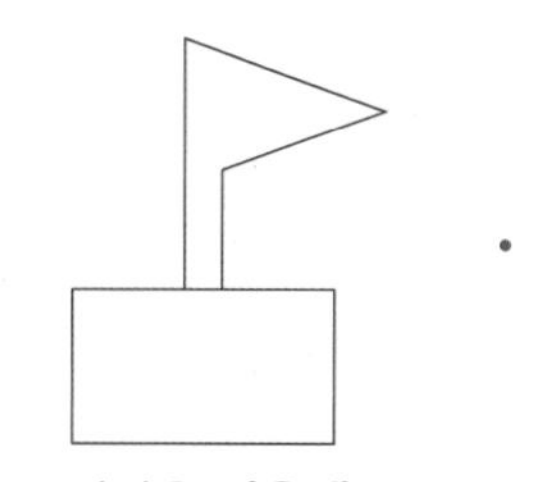 깃발은 **검은색**, 네모는 하늘색으로 칠하세요!	 태극기와 교기 등 여러 깃발을 건 학교 건물 모습	학교
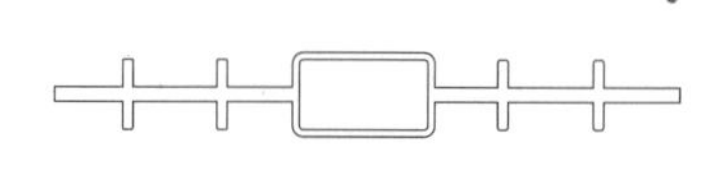 선은 **검은색**, 네모는 하늘색으로 칠하세요!	 과일 나무에 달린 과일 모양	제방

12 게임과 함께 여러 가지 지도 기호를 익혀보아요!

지도에 공통적으로 널리 쓰이는 기호를 알아두면 범례가 없더라도 지도에 나타난 정보를 빨리 파악할 수 있는 장점이 있습니다.
지도의 기호는 실제 사물의 모습을 떠올리면 쉽게 기억할 수 있지요.
그럼 재미있는 게임이나 활동을 통하여 여러 지도 기호를 익혀봅시다.

연계교과 **3학년 1학기 사회** / 1. 우리가 살아가는 곳 2) 지도에 쓰이는 약속

1. 일기 쓰기와 함께 지도 기호 익히기

미래는 지도 기호를 활용하여 일기 쓰는 숙제를 하고 있습니다. (   )안에 들어갈 적절한 사물을 추리해보고, 그것에 해당하는 알맞은 기호를 범례에서 찾아 넣으세요.

야호! 우리 가족은 강원도로 여행을 떠났다.
강에 놓인 (①   )를 건너 한참을 달리니 저 멀리 산허리에 돌로 쌓은 (②   )이 보였다.
태백 시청(◉)을 지나 외딴 길로 접어드니 산등성이 여기저기에 석탄을 캐던 (③   )의 흔적이 남아있었다. 산길을 30여분 더 가다가 우리 가족은 산중턱에 마치 비단처럼 걸려 떨어지는 시원한 (④   )를 보며 점심을 먹었다.
드디어, 바닷가! 바다 쪽으로 뻗은 땅에는 밤에 바닷길을 안내하는 (⑤   )가 자리 잡고 있었다. 그리고 그 안쪽 바다에는 오징어잡이 배들이 정박해 있는 작은 (⑥   )도 보였다.
우리 가족은 거기서 오징어 회를 먹고 백사장이 펼쳐진 (⑦   )에서 모래성을 쌓으며 신나게 놀았다. 지난번 여름에 갔었던 서해안은 거무스레하고 찐득한 (⑧   )이 더 많았었는데...
돌아오는 길에 수안보에 있는 (⑨   )에 들려 목욕을 하였다. 안내판에 피부에 좋은 땅속 물이라고 적혀 있었다. 도로 양쪽에는 옥수수가 자라는 (⑩   )과 벼가 자라는 (⑪   )이 펼쳐져 있었다.

기호	뜻	기호	뜻	기호	뜻	기호	뜻
⎍⎍	성(城)	◉	시·군·구청	丄丄丄	논	⺌—⺌	습지
∴	명승고적	○	읍·면·동사무소				
	해수욕장	⌶	교량(다리)	ılı	밭		모래
	폭포	☼	등대				
	온천	⚓	항구	○○○	과수원		염전
⚒	광산						
✈	비행장			ǁ ǁ ǁ	풀밭		진흙(갯벌)

2. 지도와 함께 지도 기호 익히기

세모가 아빠랑 경비행기를 타고 하늘에서 감상한 땅 모습에 대한 설명입니다. 글의 밑줄 친 사물이 가리키는 기호를 아래 지도에서 찾아 알맞은 번호를 써 보세요.

오늘은 어린이날, 야호~

아빠랑 나는 경비행기를 타고 바닷가를 둘러보았다. 하늘에서 본 땅의 모습은 참 다채로왔다.

"아빠 저기, 돌로 쌓은 옛날 성과 무덤도 보여요!"

"그래? 그렇구나, 하늘에서 보니 성도 작아 보이네."

"아, 폭포도 보이고, 그 아래 저수지도 있다! 그래 저 넓은 벌판은 논이겠지요?"

'저것은 **철도**( ), 이것은 **다리**(교량)( ), 저 넓은 **밭**( )~ 음, 그 남쪽은 **과수원**( ), 바닷가의 거무스레한 땅은 **진흙 갯벌**( )이구나!' "앗, 섬이다, 근사해!" '**등대**( )도 보이고, **절**( )도 자리 잡고 있네.'

"그런데 아빠, 저 어지럽기 시작해요. 이제 그만 돌아갔으면 좋겠어요!"

"어? 그래 알았다. 조종사님 돌아갑시다!"

"세모야, 저기 있는 게 **해수욕장**( ), 저것은 **항구**( ), 강을 따라 길쭉한 게 **제방**( )이란다.

아, 바로 아래에 너희 **학교**( )도 보이는 구나!"

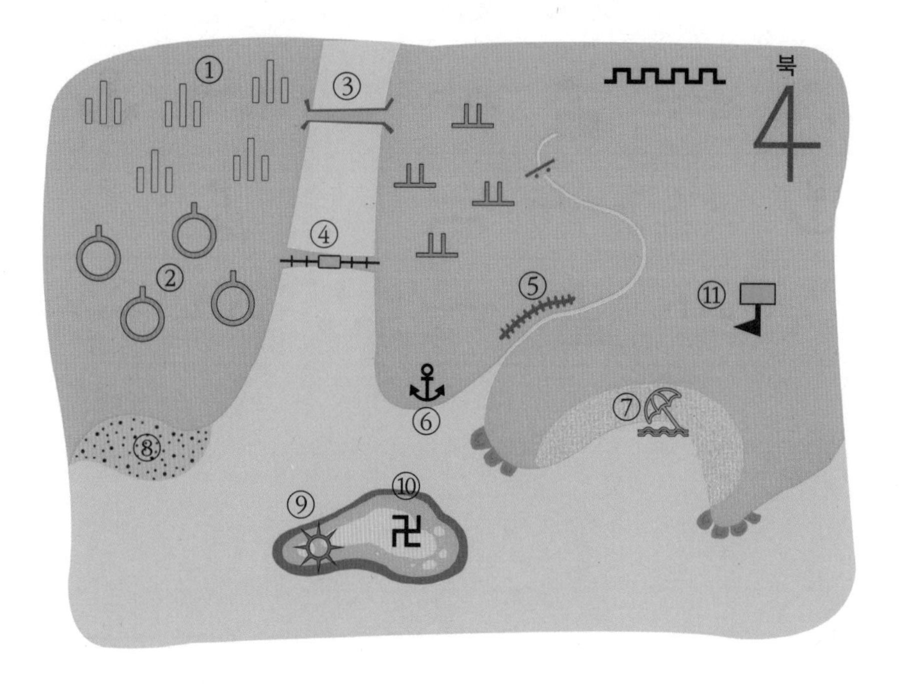

앗, 옆 지도에서 '학교' 기호가 뒤집혀 있군요! 인쇄가 잘못된 것일까요? 아니랍니다. 학교 기호에서 깃발은 운동장이 있는 방향을 나타냅니다. 우리나라 학교의 운동장은 대부분 건물 남쪽에 자리 잡고 있습니다. 그래서 위를 북쪽으로 잡아 그린 지도에서는 학교 기호가 반듯하게 표시되지 않는 경우가 많습니다.

3. 미로 게임과 함께 지도 기호 익히기

다음에 제시된 순서대로 지도 기호를 따라가 보세요.

순서 : 성 → 명승고적 → 폭포 → 학교

출발

도착 야호~~

4. 도쿠 퍼즐과 함께 지도 기호 익히기

지도 기호를 이용하여 다음과 같이 '도쿠' 퍼즐을 만들 수 있습니다. 물음에 답하세요.

1 2×2 퍼즐입니다. 비어있는 ①~⑤ 안에 들어갈 기호는 무엇을 나타낼까요?

①			
	②		
	③		④
		⑤	

① 온천

②

③

④

⑤

2 2×3 퍼즐입니다. 비어있는 ①~⑫ 안에 들어갈 지도 기호는 무엇을 나타낼까요?

	①		②		
③					④
		⑤		⑥	
	⑦		⑧		
		⑨			⑩
⑪				⑫	

① 명승고적

②

③

④

⑤

⑥

⑦

⑧

⑨

⑩

⑪

⑫

3 3×3 퍼즐입니다. 비어있는 □ 안에 들어갈 알맞은 지도 기호를 넣으세요.

잠깐만요!

퍼즐을 푸는 방법

같은 줄에는 1에서 9까지의 숫자를 한 번만 넣고, 3x3칸의 작은 격자에도 1에서 9까지의 숫자가 겹치지 않게 들어가야 하는 스도쿠(Sudoku) 퍼즐의 원리와 같습니다. 곧, 어떤 줄이든 아홉 개의 지도 기호를 한 번만 넣어야 하고, 3x3칸의 작은 격자에도 아홉 개의 지도 기호가 서로 겹치지 않게 들어가야 합니다.

지금까지 배운 내용을 정리해봅시다!

1 기호와 범례에 관한 설명입니다. 서로 관계 깊은 것끼리 이으세요.

기호	•	• 어떤 뜻을 나타내기 위하여 서로 약속한 부호, 문자, 표기 따위를 통틀어 이르는 말
범례	•	• 지도에서 쓰이고 있는 기호에 대한 뜻을 알려주는 기호 일러두기

2 기호와 범례는 서로 어떤 차이점이 있는지 〈보기〉에서 알맞은 말을 찾아 □ 안에 쓰세요.

보기

방위, 방향, 모눈, 기호, 좌표, 지리, 위도, 범례, 경도, 적도, 본초자오선

- 지도에서 글자 대신에 정보를 간단히 표현할 수 있다.
- 사물의 실제 모양을 본떠 만드는 경우가 많다.

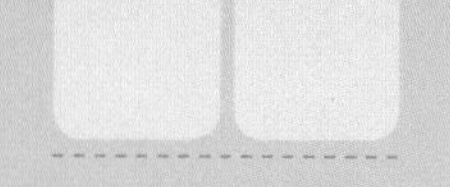

- 지도에서 쓰이고 있는 기호나 색깔의 뜻을 설명한다.
- 마치 국어의 낱말 사전과 마찬가지로 지도에 쓰인 기호 일러두기이다.

□□

방향을 나타내는 우리 순수한 말은?

방위의 기본인 동서남북(東西南北)은 한자말입니다. 그러면, 사방을 나타내는 우리의 고유어는 무엇일까요? 옛날 우리 조상들이 부르던 바람의 이름에서부터 추리할 수 있을 겁니다. 다음 문학 작품들의 글 속에 나타나는 바람은 어느 방향에서 불어올까요?

"용감한 우리 수군들은 줄기차게 불어오는 억센 샛바람에 조금도 굽히지 않았다."

— 박종화, 임진왜란

"그리 세지 않은 하늬바람에 흔들리는 나뭇가지에서 가끔 눈가루가 날고 멀리서 찌륵찌륵 꿩 우는 소리가 들려와서 더욱 산중의 고적을 실감할 수 있었다."

— 선우휘, 사도행전

"내 고향 덕도의 갯벌 밭에는 낙지가 많이 잡혔는데, …… 아낙네들이 …… 바닷물에 헹구어 소금기 밴 마파람 맞으며 연안의 돌 자갈밭에 앉아 먹어야 제 맛이 난다고 했다."

— 한승원, 낙지 같은 여자

"그 해 가을이 다가고 높바람이 꽤 세게 불기 시작하는 동짓달을 맞을 때까지 내가 대부분의 시간을 보낸 곳은 수영의 방이었다."

— 김승옥, 환상 수첩

우리 조상들은 방향과 관련지어 바람을 다음과 같이 구분하였답니다.

동쪽에서 부는 바람을 샛바람!
서쪽에서 부는 바람을 하늬바람!
남쪽에서 부는 바람을 마파람!
북쪽에서 부는 바람을 높바람!

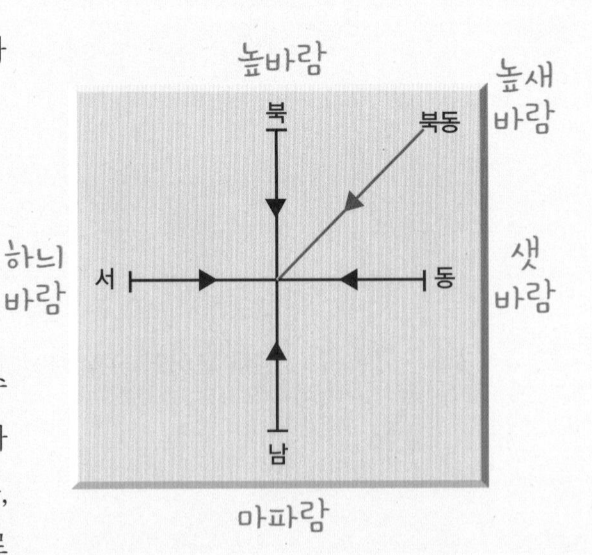

아름답고 정감 넘치는 예쁜 말입니다. 그런데 말이란 될 수 있는 대로 간단하고, 또렷한 것이 많이 쓰이고 오래 가기 마련입니다. 그러다 보니 간단하고 말소리가 서로 명확한 '동, 서, 남, 북'이 우리의 고유어보다 더 많이 쓰이게 된 것으로 보입니다.

셋

축척 이해하기

이 단원에서는 지도의 축척에 대하여 공부합니다.
축척은 지도의 여러 기본 요소 중에서 가장 중요합니다.
만일 지도에 축척이 표시되어 있지 않다면 지도라고 할 수 없을 정도이지요.
지도는 드넓은 세상을 실제보다 줄여서 그린 땅 그림입니다.
그래서 모든 지도는 축척을 표시해야 합니다.
실제보다 얼마나 줄여서 지도를 그렸는지를 알아야
정보를 제대로 파악할 수 있기 때문입니다.

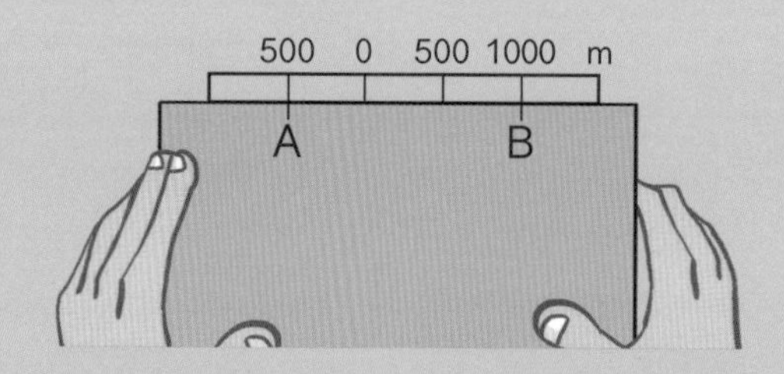

13 지도에서 축척이란 무엇일까요?

지도의 가장 중요한 특징은 실제 세계를 '줄여서' 작은 크기로 보여준다는 점입니다.
그 줄인 정도를 축척이라고 합니다.
지도의 핵심 요소이지요.
자, 그럼 먼저 축척의 뜻과 지도에서 그것을 어떻게 표현하는지부터 살펴봅시다.

연계교과 **3학년 1학기 사회** / 1. 우리가 살아가는 곳 1) 우리 고장의 위치 2) 지도에 쓰이는 약속

act 1. 축척의 뜻 알아보기

그림을 보고 물음에 알맞은 말을 찾아 ○표 하거나, □ 안에 쓰세요.

1 홍길동은 그림과 같이 땅을 줄여서 먼 거리를 가깝게 만드는 축지법(縮地法)이란 신비의 도술을 부렸다고 합니다. 축지라는 글자에서 '지(地)'는 땅을 뜻합니다.

그럼, 여기서 '축(縮)'은 무슨 뜻일까요? (줄이다, 늘리다)

2 우리 속담에 '삼척동자도 다 안다'라는 말이 있습니다. 그림에서처럼 삼척이란 말에서 '척'은 옛날에 길이를 재던 도구이자 단위였습니다.

그럼, 여기서 '척(尺)'은 어떤 도구였을까요? (자, 저울)

3 '축척(縮尺)'을 순 우리말로 나타내면
무엇이라고 하면 좋을까요? (줄인자, 늘인자)

3척이란 실제로 얼마나 되는 길이일까요? 1척은 오늘날의 길이로 약 30cm 정도입니다. 그러면 3척은 90cm인 셈입니다. 삼척(三尺) 동자란 키가 1미터도 안 되는 어린 아이라는 뜻이군요. 무협지나 만화에는 6척 거구라는 말도 자주 나옵니다. 30×6은 180이니까, 키가 180cm라는 말이네요. 오늘날도 키가 180㎝이면 작은 키가 아닌데, 옛날에 그 정도의 키라면 엄청 큰 키였겠지요?

2. 지도에서 축척 표시 찾아보기

지도 (가)~(다)의 어딘가에 축척을 나타내는 막대가 숨어있습니다. 모두 찾아서 지도에 직접 ○표 하세요.

(가)

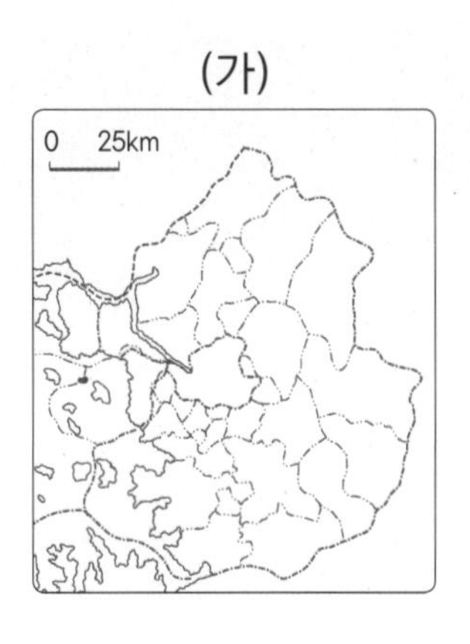

(나)

(다)

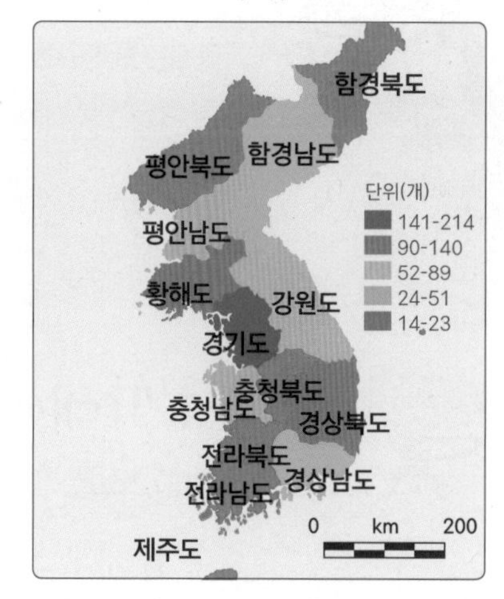

3. 축척의 표시 방식 알아보기

축척은 보통 세 가지 방식 중의 하나로 나타냅니다. 물음에 답하세요.

1 축척 표시 방식의 뜻과 모양을 알맞게 이어보세요.

표시 방식	뜻	모양
① 문자식 •	• ㉠ 비율(:)이나 분수(−)로 나타내는 방식 •	• 예) 1:500, $\frac{1}{500}$
② 비율식 •	• ㉡ 눈금 막대자(ㄴㅡㄴ)로 나타내는 방식 •	• 예) 0 500m
③ 막대식 •	• ㉢ 글이나 식(=)으로 나타내는 방식 •	• 예) 1cm=500m

2 막대식의 눈금 막대자는 그림처럼 두 부분으로 이루어져 있습니다. ①, ②는 각각 무엇을 의미하는지 생각해보고 알맞게 이어보세요. 참고로 이 눈금 막대자는 1 km 거리를 지도상에서는 2cm로 줄였다는 뜻입니다.

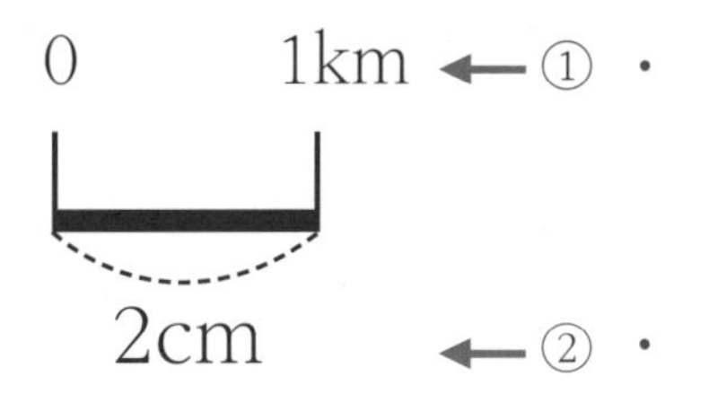

← ① •   • ㉠ 땅위에서 '실제' 거리를 알려주는 부분

← ② •   • ㉡ 지도에서 '줄인' 길이를 나타내는 부분

14 축척 막대에 대한 감각을 익혀보아요!

지도에서 축척을 표시하는 데 가장 널리 쓰이는 방식은 막대식입니다.
실제 거리와 지도상 거리의 관계를 잘 보여주기 때문입니다.
그럼, 여러 활동을 통해 축척 막대에 익숙해지도록 해볼까요?

연계교과 **3학년 1학기 사회** / 1. 우리가 살아가는 곳 1) 우리 고장의 위치 2) 지도에 쓰이는 약속

1. 축척 막대에서 실제 거리 구하기

축척 막대를 보고, 알맞은 숫자를 □ 안에 쓰세요.

1 두 지점 사이의 실제 거리는 얼마일까요?

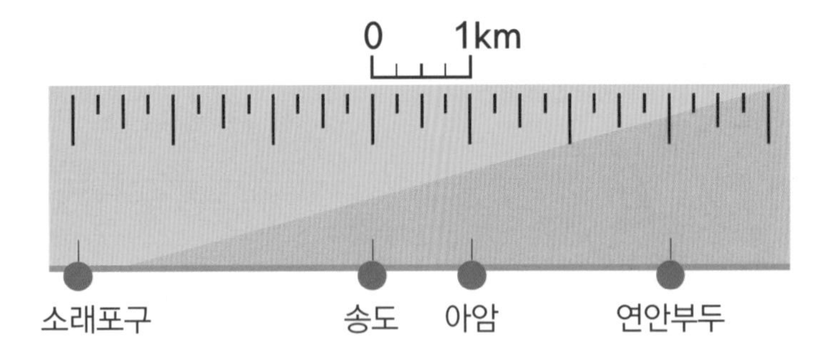

① 소래포구 — 연안부두 : □ km

② 소래포구 — 송도 : □ km

③ 송도 — 연안부두 : □ km

④ 송도 — 아암 : □ km

2 두 지점 사이의 실제 거리는 얼마일까요?

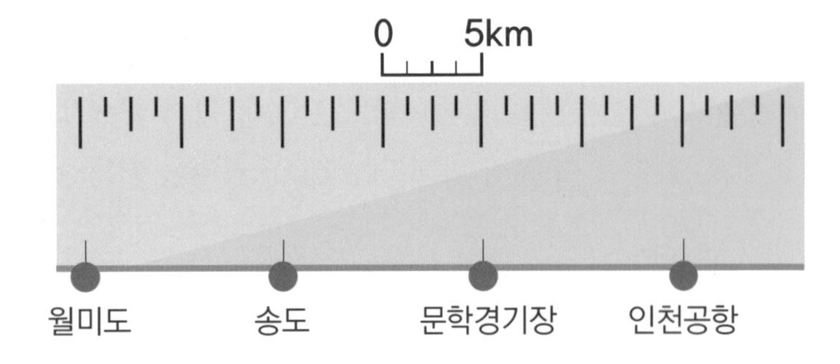

① 월미도 — 인천공항 : □□ km

② 월미도 — 문학경기장 : □□ km

③ 송도 — 인천공항 : □□ km

④ 송도 — 문학경기장 : □□ km

2. 축척 감각 익히기

①~⑤의 지도 크기에 어울리는 축척을 찾아 연결해 보세요.

지 도	축 척
강아지 집 지도 ① •	• ㉠ 0 ─ 10억km
우리 마을 지도 ② •	• ㉡ 0 ─ 10m
백화점 지도 ③ •	• ㉢ 0 ─ 1000km
세계 지도 ④ •	• ㉣ 0 ─ 1km
은하계 지도 ⑤ •	• ㉤ 0 ─ 10cm

잠깐만요!

자가 없을 때, 지도에서 실제 거리를 알아낼 수 있는 방법은 없을까요? **지도의 축척 막대**를 이용해서 다음과 같이 찾아낼 수 있답니다.

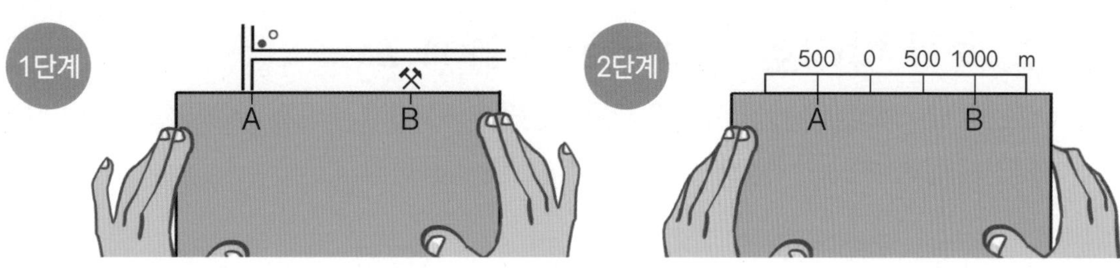

1단계 직선 모양의 적당한 도구에 두 지점 사이의 지도상 길이를 마디로(A, B) 표시합니다.

2단계 그것을 축척 막대에 대어 실제 거리를 알아냅니다.

위 지도의 경우, 집(A)과 광산(B) 사이의 실제 거리가 대략 1,500m라는 걸 알 수 있습니다.

15 축척 막대로 실제 거리를 구할 수 있어요!

지도에 있는 축척 막대를 이용하면 실제 거리를 대략 구할 수 있습니다.
자, 컴퍼스, 실 등으로 지도에 있는 두 지점 사이의 길이를 먼저 잽니다.
그런 다음에서 축척 막대에 대어 보면 됩니다.
직접 실제 거리를 구해보세요.

연계교과 **3학년 1학기 사회** / 1. 우리가 살아가는 곳 1) 우리 고장의 위치 2) 지도에 쓰이는 약속

1. 축척 막대로 실제 거리 구하기 1

우리 집 거실에 있는 여러 물건 사이의 거리를 보여주는 그림입니다. 이들 사이의 실제 거리가 대략 얼마인지 구하여 □ 안에 쓰세요. 자나 컴퍼스를 이용하세요.

1 노트북과 강아지 사이의 실제 거리는 얼마일까요?

□□m

2 농구공과 노트북은 실제로 얼마나 떨어져 있나요?

□□m

0
10m
0
10m

2. 축척 막대로 실제 거리 구하기 2

그림은 우리 마을의 놀이 시설과 체육 시설을 나타냅니다. 이들 사이의 실제 거리가 얼마인지 구하여 □ 안에 쓰세요. 자나 컴퍼스를 이용하세요.

1 축구 골대 ↔ 미끄럼틀 : □□□m

2 농구 골대 ↔ 축구 골대 : □□□m

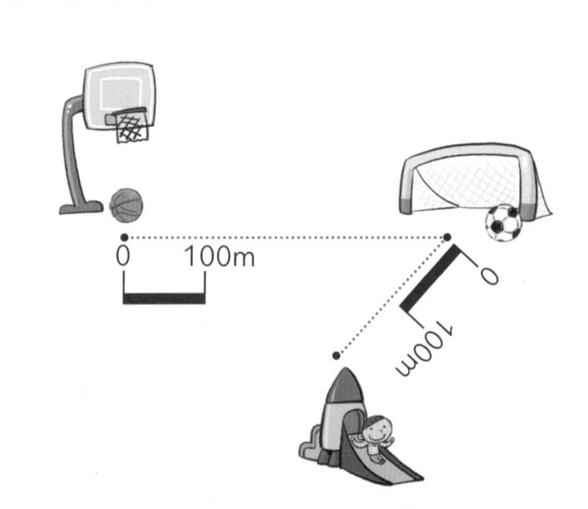

3. 축척 막대로 실제 거리 구하기 3

우리 마을에 있는 여러 건물들의 위치를 나타낸 그림입니다. 이들 사이의 실제 거리가 얼마인지 구하여 □ 안에 쓰세요. 아래의 종이 막대자를 이용해도 됩니다.

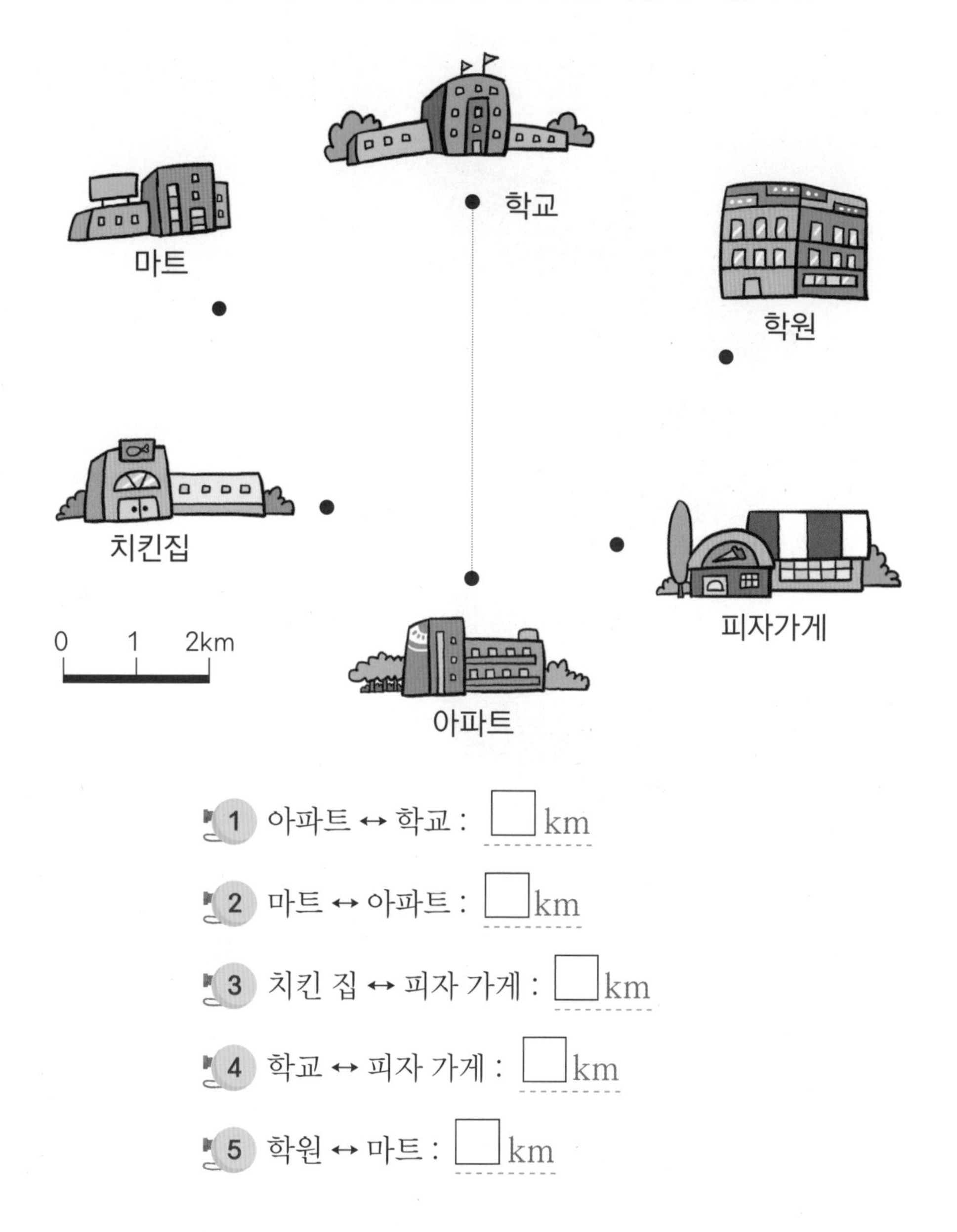

1. 아파트 ↔ 학교 : □km
2. 마트 ↔ 아파트 : □km
3. 치킨 집 ↔ 피자 가게 : □km
4. 학교 ↔ 피자 가게 : □km
5. 학원 ↔ 마트 : □km

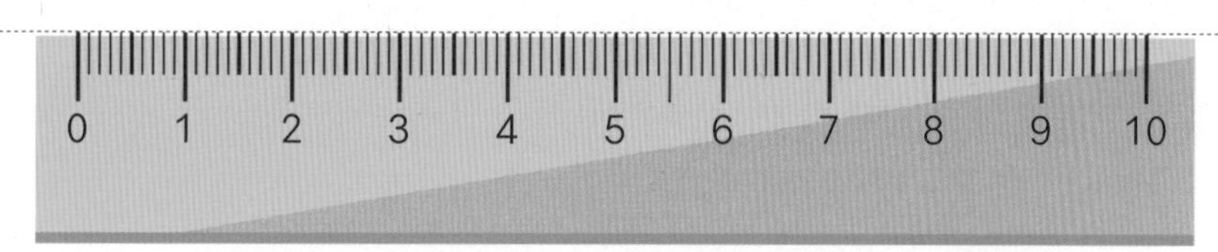

종이 막대자는 이 책 맨 뒤쪽에 있습니다. 오려서 사용하세요.

4. 지도의 축척 막대로 실제 거리 구하기 1

지도는 우리나라 주요 장소의 위치를 나타냅니다. 이들 사이의 실제 거리가 대략 얼마인지 구하여 □ 안에 쓰세요. 자나 컴퍼스를 이용하세요.

축척을 잴 때 순서

① 축척 막대에서 축척 막대의 길이와 실제 거리를 확인합니다. 예를 들어 축척막대의 길이가 1cm이고 실제 거리가 1km라면 지도에서 1cm는 실제 거리로 1km가 됩니다.

② 지도에서 재고자 하는 곳의 두 지점에 맞게 자를 대고 길이를 확인합니다. 만약 지도에서 두 지점의 길이가 5cm라면 실제 거리는 5km가 됩니다.

길이를 쟀는데 소수점이 나올 경우 실제 거리를 계산하기 어려울 수 있습니다. 이때는 계산기를 이용해 계산하세요.

1 온성에서 마라도까지 거리는 대략 얼마일까요? □□□□km

2 만약 헬기를 타고, 백령도에서 출발하여 독도를 거쳐 마라도까지 직선으로 비행한다면 총 비행거리는 대략 얼마나 될까요? □□□□km

3 서울에서 부산까지의 거리와 서울에서 평양까지 거리를 재보면 어디가 얼마나 더 멀까요?
(서울-부산, 서울-평양)이 □□□km 정도 더 멀다.

4 백두산에서 공주까지 거리는 대략 얼마일까요? □□□km

5. 지도의 축척 막대로 실제 거리 구하기 2

지도는 동아시아 주요 도시를 보여줍니다. 이들 사이의 실제 거리가 얼마인지 구하여 □ 안에 쓰세요. 자나 컴퍼스를 이용하세요.

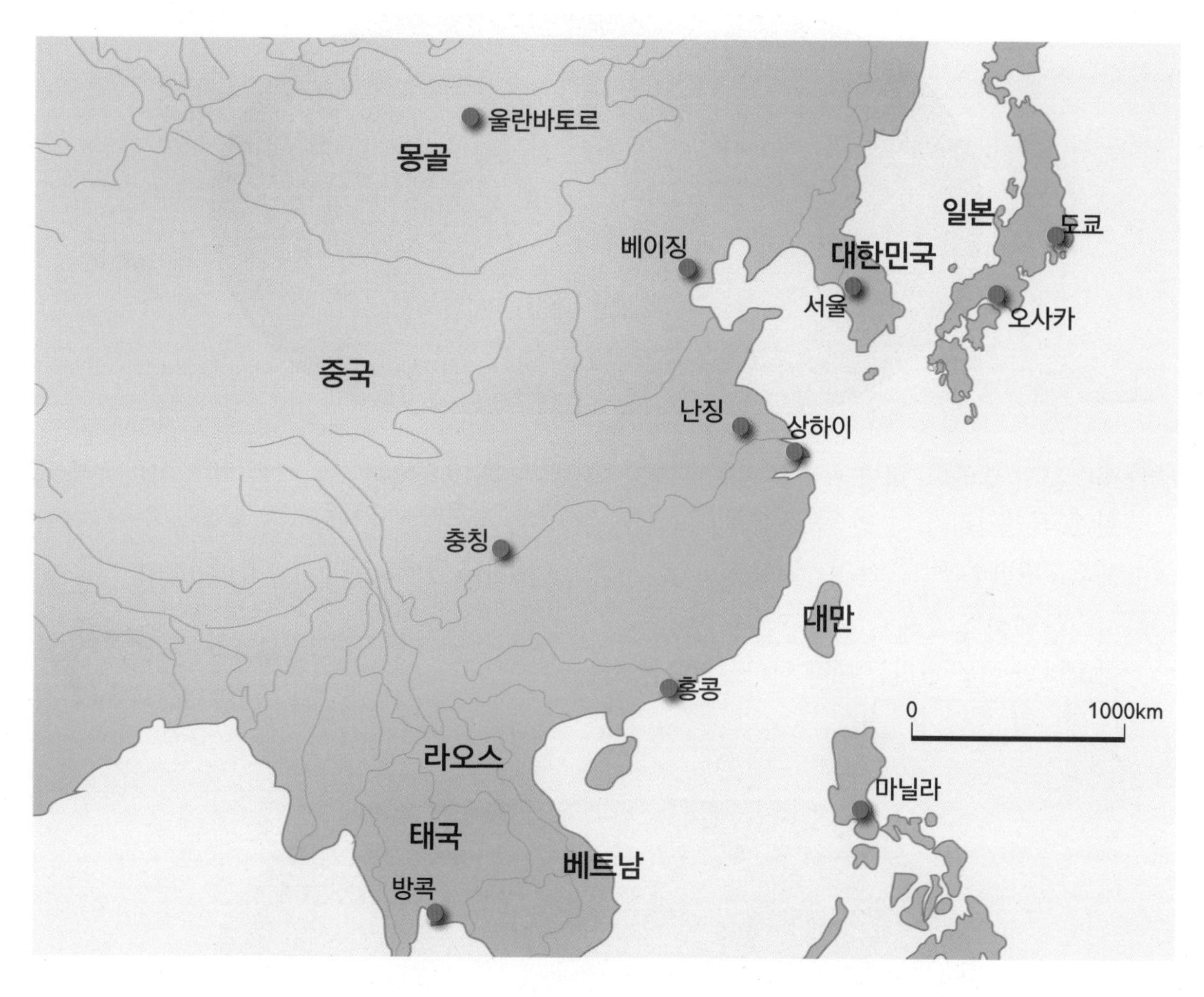

1 서울에서 태국의 수도 방콕까지 비행기로 10시간 걸립니다. 비행기가 한 시간에 370km를 날아간다면, 서울에서 방콕까지 총 직선거리는 대략 얼마일까요? □□□□km

2 베이징과 도쿄 사이의 중간쯤에 자리 잡고 있는 도시의 이름은 무엇일까요? □□

3 몽골의 수도인 울란바토르에서 비행기로 동시에 출발하여 직선으로 날아갈 경우, 충칭과 도쿄 중에서 어느 쪽에 먼저 도착할까요? (충칭, 도쿄)

4 서울 – 홍콩, 서울 – 도쿄까지 비행기를 타고 직선으로 날아간다면 실제 이동 거리는 대략 얼마나 될까요? 서울 – 홍콩 : □□□□km, 서울 – 도쿄 : □□□□km

6. 지도의 축척 막대로 실제 거리 구하기 3

다음의 두 세계 지도는 축척이 같습니다. 자나 컴퍼스를 이용하여 물음에 답하세요.

1 희망봉 – 두바이, 희망봉 – 울루루 중에서 실제 직선거리가 더 먼 쪽 도시에 ○표 하세요. 희망봉 – (두바이, 울루루)

2 아이언맨이 뉴욕에서 희망봉까지 곧장 날아갔다면 이동 거리는 대략 얼마일까요?

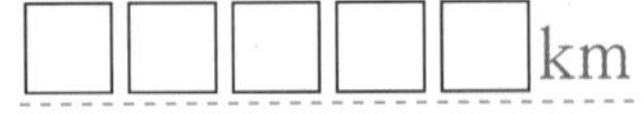

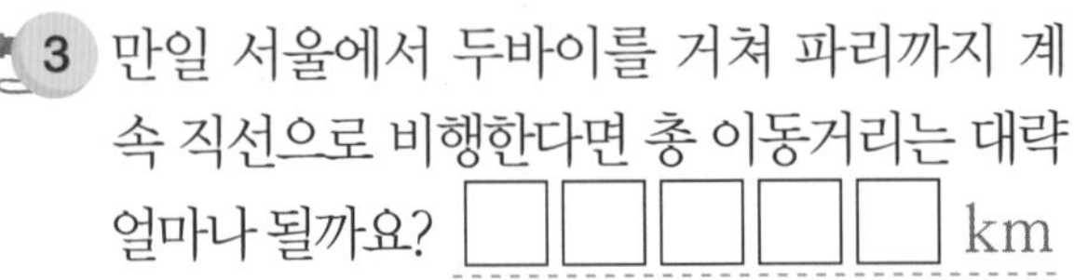

3 만일 서울에서 두바이를 거쳐 파리까지 계속 직선으로 비행한다면 총 이동거리는 대략 얼마나 될까요? □□□□□ km

서울
LA
뉴욕
시드니
산티아고
0 3500km

4 서울에서 동시에 출발한 비행기가 같은 속도로 날아간다면, LA와 시드니 중에서 어느 곳에 먼저 도착할지 ○표 하세요. (LA, 시드니)

5 울트라맨이 서울에서 산티아고까지 곧장 날아갔다면 이동 거리는 대략 얼마일까요? □□□□□ km

6 서울에서 뉴욕까지 직선거리는 대략 얼마나 될까요? □□□□□ km

16 방위표와 축척 막대는 지도를 잘 읽는데 아주 중요해요!

지도를 이루는 기본 요소 중에서 특히 방위표와 축척 막대는 실제 생활에서나 지도 읽기 활동에서 자주 활용됩니다.
그 둘은 사물의 위치를 설명하는 데 꼭 필요하기 때문입니다.
어떻게 활용되는지 한번 확인해 볼까요?

연계교과 **3학년 1학기 사회** / 1. 우리가 살아가는 곳 1) 우리 고장의 위치 2) 지도에 쓰이는 약속

1. 방위표와 축척 막대 활용하기 1

그림은 우리 동네 모습을 간략히 나타낸 것입니다. 물음에 알맞은 말을 □ 안에 쓰세요.

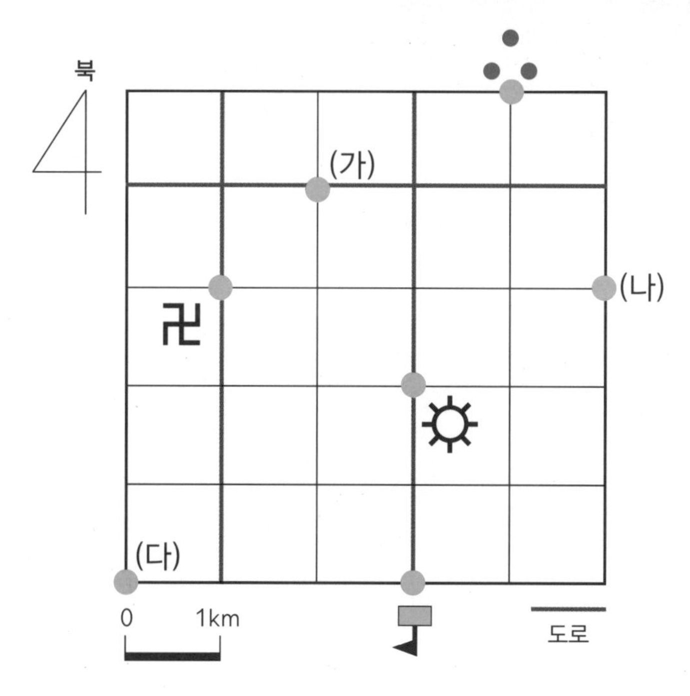

1 세모가 학교에서 (가)지점까지 도로를 따라 걷는다면 이동한 실제 거리는 얼마일까요? □ km

2 명승고적지에서 바라볼 때, (다)지점은 어느 방향에 있나요? □□쪽

3 친구는 과연 어느 곳에 보물을 숨겨 놓았을까요? (   )

"학교에서 북서쪽에 숨겨놓았지!"
"명승고적지에서 바라보면 남서쪽에 있어!"
"(나)지점에서 서쪽 방향으로 4km 지점이야!"

2. 방위표와 축척 막대 활용하기 2

지도는 서울 주변의 여러 도시가 자리 잡고 있는 모습을 보여줍니다. 물음에 알맞은 답을 찾아 ○표 하거나, □ 안에 쓰세요.

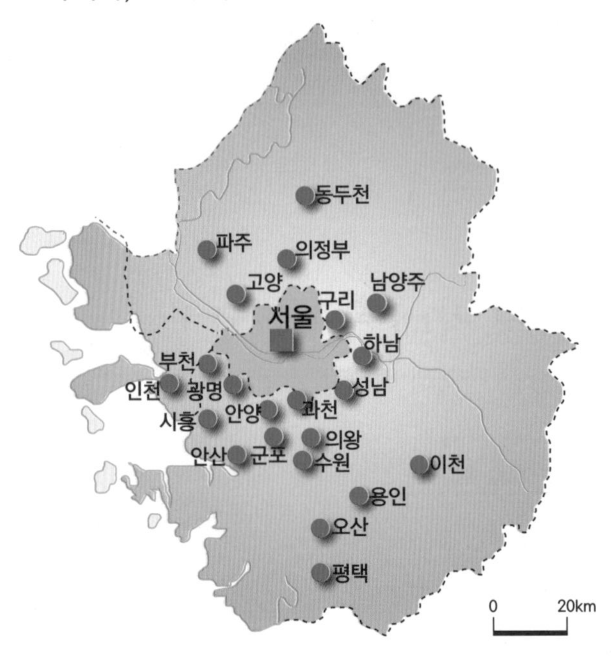

1 위 지도처럼 방위표가 없을 경우, 어느 방향을 북쪽으로 보나요?

(왼쪽, 위쪽, 오른쪽, 아래쪽)

2 어느 도시일까요?

① 가장 북쪽에 있는 도시 : □□□

② 가장 서쪽에 있는 도시 : □□

③ 가장 남쪽에 있는 도시 : □□

3 두 지점 사이의 실제 거리는 대략 얼마일까요? 자나 컴퍼스를 이용하세요.

① 동두천 - 평택 : □□□km

② 인천 - 용인 : □□km

③ 파주 - 이천 : □□km

4 다음에 해당하는 도시는 어디일까요? (   )

나는 인천에서 동쪽으로 약 30km, 파주에서 남동쪽으로 약 30km, 수원에서 북쪽으로 약 30km 떨어져 있답니다.

3. 방위표와 축척 막대 활용하기 3

어느 호수 공원 일대의 지도입니다. 물음에 알맞은 답을 □ 안에 쓰세요.

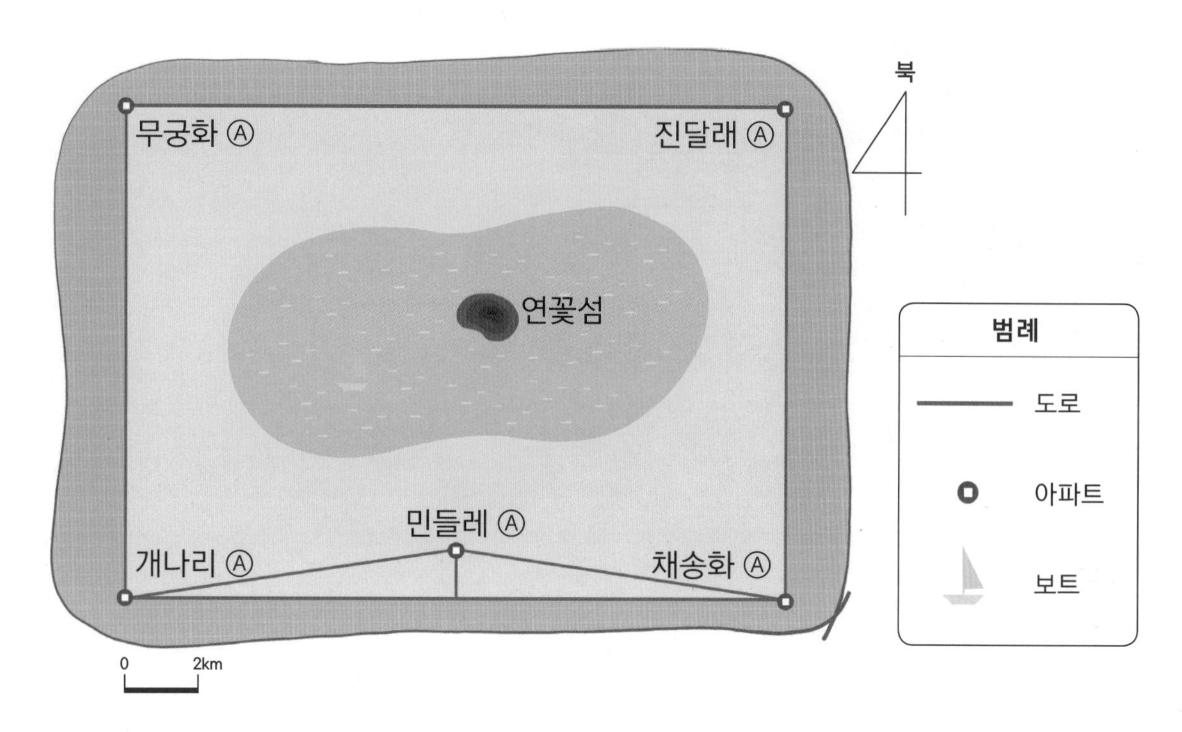

1 두 아파트 사이의 실제 거리는 얼마일까요? 자나 컴퍼스를 이용하세요.

① 무궁화 Ⓐ – 진달래 Ⓐ : □□ km

② 진달래 Ⓐ – 채송화 Ⓐ : □□ km

③ 채송화 Ⓐ – 민들레 Ⓐ : □ km

2 다음 장소들은 '민들레 Ⓐ'에서 볼 때, 어느 방향에 있을까요?

① 무궁화 Ⓐ : □□ 쪽

② 진달래 Ⓐ : □□ 쪽

③ 개나리 Ⓐ : □□ 쪽

3 다음 장소들은 '연꽃섬'에서 볼 때, 어느 방향에 있을까요?

① 보 트 : □□ 쪽

② 채송화 Ⓐ : □□ 쪽

③ 민들레 Ⓐ : □ 쪽

잠깐만요!

소수점 계산이 어려운 친구들은 계산기를 이용하세요.

4 만일 여러분이 아래와 같은 '표지판'을 보았다면, 어느 아파트에 세워진 것일지 추리해보세요.

① 민들레 Ⓐ 9km ··· → □□□ 아파트

② 진달래 Ⓐ 18km ··· → □□□ 아파트

③ 무궁화 Ⓐ13km ··· → □□□ 아파트

④ ← ··· 개나리 Ⓐ 9km | 채송화 Ⓐ 9km ··· → □□□ 아파트

축척에 따라 지도를 '**대축척 지도**'와 '**소축척 지도**'로 나누기도 합니다. **대축척 지도**는 고장 지도처럼 좁은 지역을 자세히 나타낸 것이고, **소축척 지도**는 세계 지도처럼 넓은 지역을 간략히 나타낸 것이지요. 그렇지만 대축척이나 소축척은 어디까지나 상대적인 것이랍니다. 그것은 아래와 같습니다. 왼쪽으로 갈수록 큰 수이고, 오른쪽으로 갈수록 작은 수지요? 분수에서는 아래 숫자가 클수록 값이 작으니까요! 그런 까닭에 왼쪽으로 갈수록 **대축척**, 오른쪽으로 갈수록 **소축척**이 되는 것이랍니다.

4. 방위표와 축척 막대 활용하기 4

그림의 (가) ~ (타)는 어떤 지역에 있는 여러 도시의 위치를 나타냅니다. 비행기를 탔다고 상상하면서 물음에 알맞은 답을 찾아 ○표 하거나, □ 안에 쓰세요.

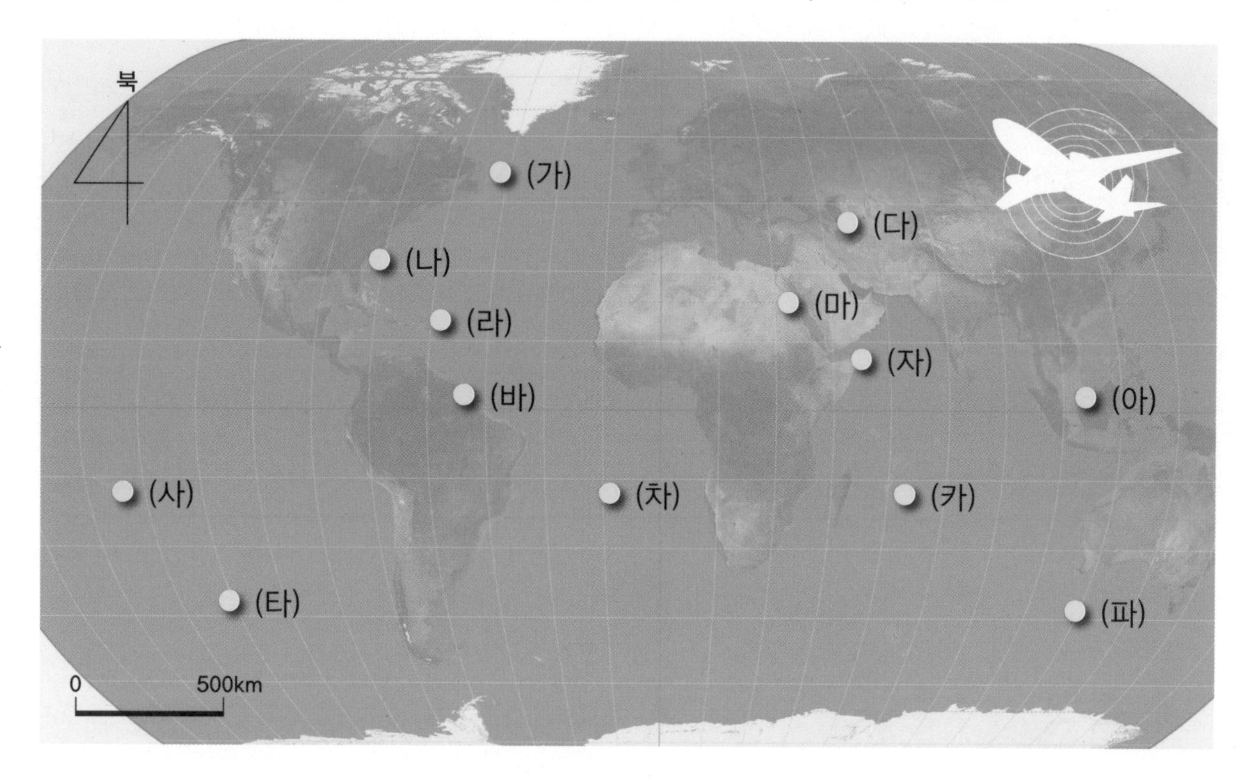

1 500km를 운항할 수 있는 연료만 채운 비행기는 (가)시에서 (차)시까지 날아갈 수 있을까요? (있다, 없다)

2 만일 내가 탄 비행기가 700km만 운항할 수 있는 연료밖에 없다면, 공중 급유를 하지 않더라도 (사)시에서 (타)시까지 갈 수 있을까요? (있다, 없다)

3 (다)시에서 (파)시까지의 거리는 대략 얼마일까요? 자나 컴퍼스를 이용하세요.

□□□□ km

4 (아)시에서 (바)시로 가는 비행기는 어떤 방향으로 날아갈까요? □ 쪽

5 (사)시에서 (카)시로 가는 비행기는 어떤 방향으로 날아갈까요? □ 쪽

지금까지 배운 내용을 정리해봅시다!

축척과 관련하여 그림의 □ 안에 알맞은 말을 〈보기〉에서 찾아 쓰세요.

보기

줄인자, 늘인자, 축척, 길이, 거리, 비율, 자, 율, 소, 대

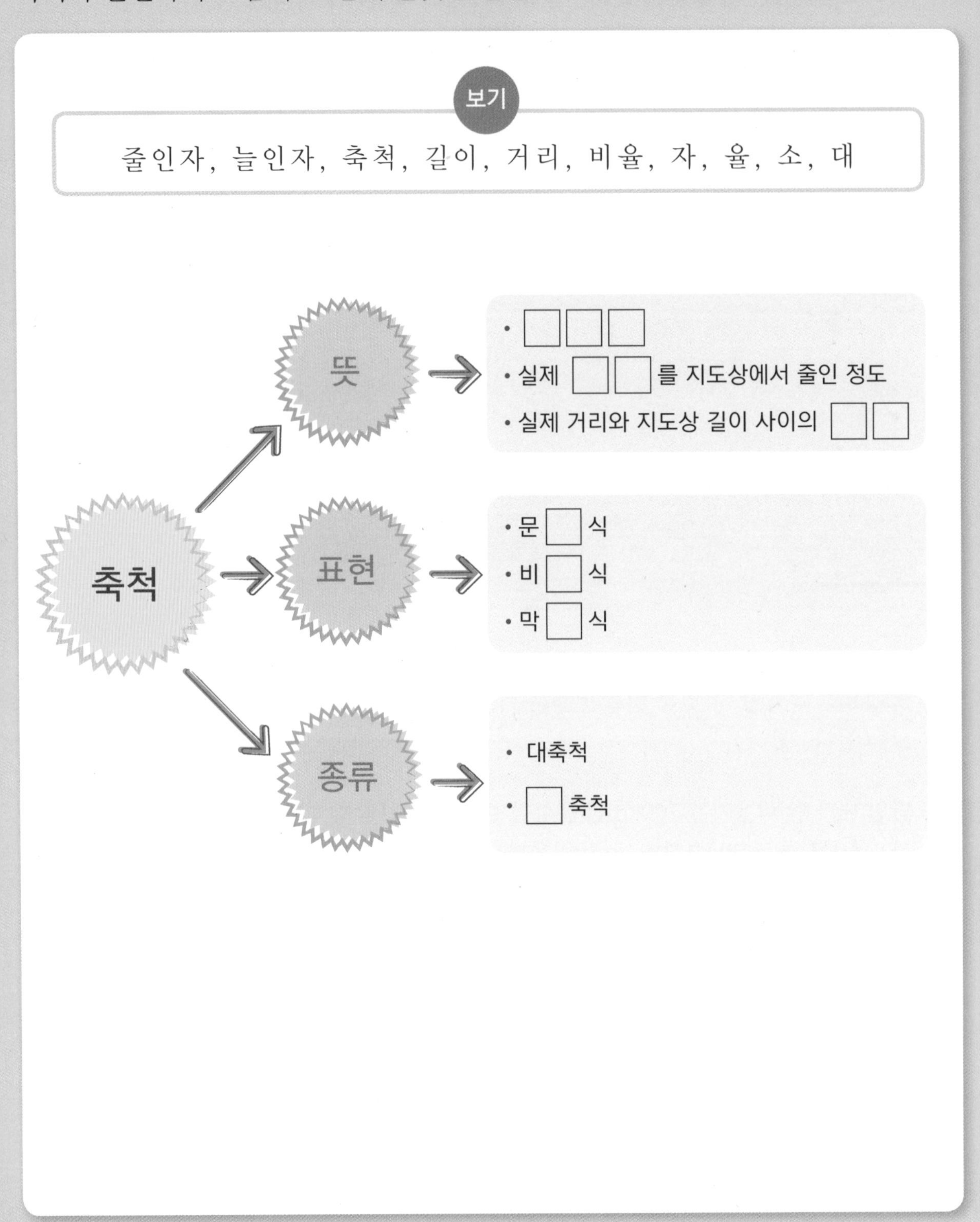

방위표, 기호와 범례, 축척 막대를 모두 활용해 지도를 읽어볼까요?

다음은 지도를 이루는 기본 요소인 방위표, 기호와 범례, 축척을 모두 활용하여 풀 수 있는 문제들입니다. 물음에 알맞은 답을 찾아 ○표 하거나, □ 안에 쓰세요.

1 인천 공항 일대를 보여주는 지도입니다.

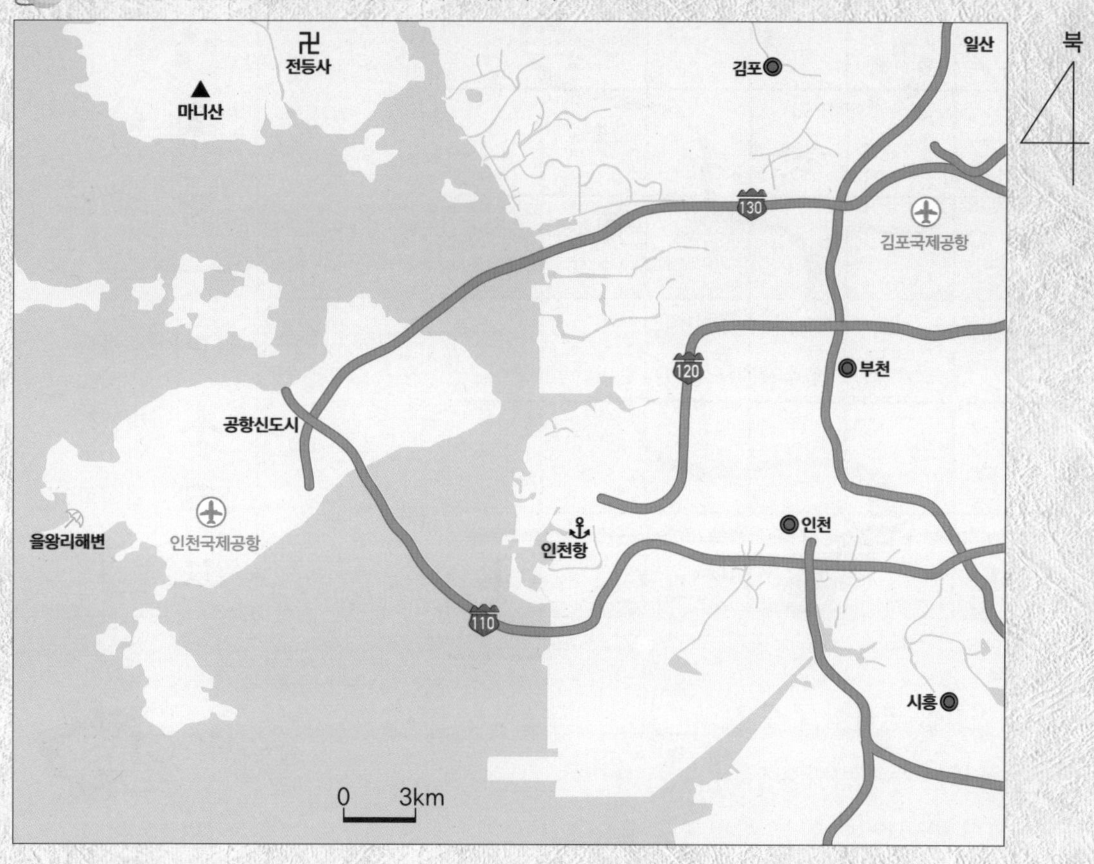

① 김포국제공항과 인천시 사이에 자리 잡고 있는 시의 이름은 무엇일까요? □□시

② 130번 도로는 (동-서, 남-북) 방향으로 달리고 있습니다.

③ 마니산은 인천 국제공항에서 볼 때, 어느 방향에 있나요? □쪽

④ 110번 고속국도와 130번 고속국도는 어디에서 만나나요? □□□□□

⑤ 승용차를 타고 일산에서 출발하여 을왕리 해수욕장까지 가장 짧은 길로 가려고 한다면, 몇 번 고속국도를 이용해야 할까요? □□□번 고속국도

⑥ 인천항 - 인천 국제공항 사이의 직선거리는 대략 얼마나 될까요? □□km

⑦ 전등사에서 볼 때, 인천 시청은 어느 방향으로 얼마나 떨어져 있을까요?

□□쪽, □□km

2 지도는 어느 고장의 모습입니다. 물음에 답하세요.

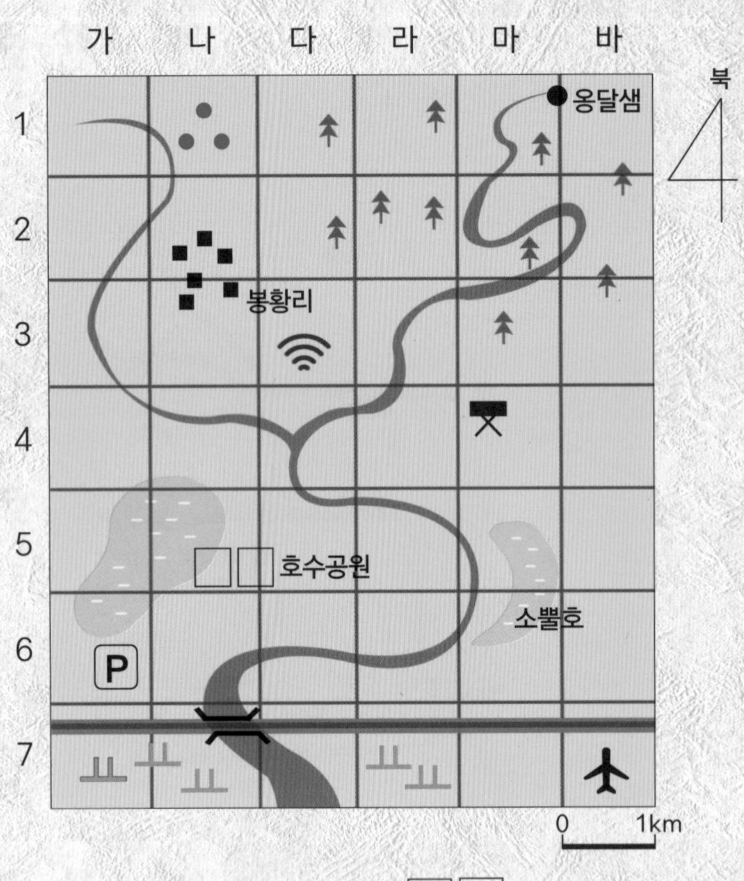

① 호수 공원의 이름을 만들어 주세요. □□ 호수공원

② 바비큐장의 좌표는 무엇일까요? (□ , 4)

③ 좌표(나, 7)에서 확인할 수 있는 시설물은 무엇인가요? □□

④ 도로는 대략 어느 방향으로 놓여 있나요? □ – □ 방향

⑤ 소뿔호는 와이파이존에서 볼 때 (북서, 북동, 남서, 남동)쪽에 있습니다.

⑥ 옹달샘 – 도로까지 직선거리는 대략 얼마나 될까요? □ km

⑦ 다음은 어떤 사물의 위치를 설명하는 것인지 찾아서 좌표, 기호, 사물 이름을 쓰세요.

"이것은 비행장으로부터 서쪽으로 4km 간 다음에 다시 북쪽으로 6km 지점에 자리 잡고 있습니다." 기호: □, 좌표: (□ , □), 이름: □□□□

⑧ 지도의 〈범례〉에서 비어 있는 □에 알맞은 사물 이름은 무엇일까요? □

잠깐만요!

가로선과 세로선을 그으면 네모 칸이 만들어지고, 네모 칸마다 글자와 숫자를 차례로 붙여 자리 값을 만들 수 있는데, 이를 **좌표**라고 합니다. 좌표에 대한 자세한 내용은 102쪽에서 배웁니다.

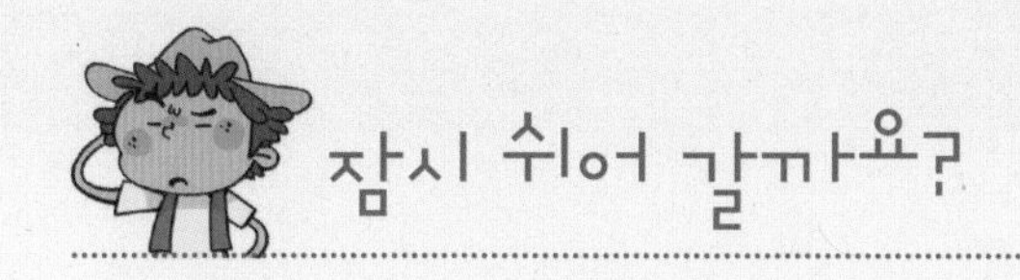

조선에는 할아버지부터 증손자까지
무려 4대에 걸쳐 지도를 만든 집안이 있었어요!

옆 지도를 보세요. 마치 대동여지도(1861) 같지요? 이 지도는 조선시대 정상기라는 사람이 만든 '동국지도'를 그 후손들이 다듬어간 지도 중 하나입니다. 정상기는 조선 영조 대왕 때인 1757년 이전, 그러니까 대동여지도보다 100여년 앞서 동국지도라는 걸 만들었답니다.

이 지도의 뛰어난 점으로는 이전에 그려졌던 지도보다 크다는 점입니다. 그건 자세한 정보를 많이 담을 수 있다는 뜻입니다. 한반도의 전체적인 모습도 정확해지고, 산줄기와 강줄기도 상세해지게 된 거지요. 교통로는 물론 바닷길도 표시하고 있고, 보, 산성, 봉수와 같은 국방 관련 내용도 자세하답니다.

그렇지만 정상기의 동국지도에서 가장 훌륭한 점은 축척이란 아이디어가 처음으로 활용되었다는 점입니다. 그게 바로 백리척(百里尺)이란 겁니다. 백리척은 100리를 1척이 되게 하고, 10리를 1촌이 되게 한 축척이에요. 백리척은 대략 9.4~9.8cm의 긴 막대 모양으로, 지도에서 이 길이가 실제로는 백리에 해당하는 거지요. 이 백리척 덕분에 두 지점 사이의 실제 거리를 쉽게 알아 낼 수 있게 된 것은 물론이고, 우리 땅의 겉 테두리, 곧 윤곽을 실제 모습에 가깝게 그려낼 수 있게 되었습니다.

대동여지도의 그늘에 가려 많은 사람들로부터 큰 관심을 받지 못하는 동국지도! 이 동국지도는 영조 33년, 그러니까 1757년에야 빛을 봅니다. 동국지도를 본 영조 대왕은 크게 감탄하였다고 실록은 전합니다. 하지만 그는 이미 5년 전에 이 세상을 떠나버렸어요. 정상기는 1678년(숙종 4년)에 출생하여 1752년(영조 28년)에 75세의 나이로 세상을 떴대요.

정상기가 만든 지도는 그 아들 정항령, 손자 정원림, 증손자 정수영 등 무려 4대에 걸쳐 다듬고 고쳐집니다. 조선 시대에는 보기 드물게도 대를 이어 지도 만드는 일에 몸 바친 지도 제작 명문 집안이었던 거지요. 그러니 지도에 관하여 얼마나 많은 지식과 기술이 쌓여 있었겠어요. 다음 글귀를 보면 그가 지도에 대하여 가지고 있었던 생각을 읽어낼 수 있습니다.

"우리나라 지도로 세상에 나온 것이 헤아릴 수 없이 많다.
그러나 산천과 거리가 모두 바르지 못하다. 수 백리나 되는 먼 곳이 10리쯤의 가까운 곳으로 묘사돼 있고 동서남북이 바뀌기도 한다. 그 지도를 보고 어디로든 여행을 가려 한다면 의지할 것 없이 어두운 밤길을 걷는 것과 같다."

한마디로 거리와 방위가 정확한 지도를 만들겠다는 의지를 보인 거였고, 그는 실제로 이를 실천해내고 말았던 겁니다. 정상기의 '동국지도'는 조선 후기에 지도를 만드는 데 커다란 자극을 주고 훌륭한 참고가 됩니다. 1834년 제작된 김정호의 '청구도'도 바로 이 '동국지도'를 바탕으로 새로 고치고 채워 넣은 지도였대요. 또 1861년 김정호의 '대동여지도'는 자신의 '청구도'를 다듬은 것이었답니다. 그러니 대동여지도도 그 뿌리를 거슬러 올라가면 정상기의 '동국지도'로 이어진다고 조선 시대 지도 연구 전문가인 양보경, 오상학 선생님은 말합니다.

넷

등고선 풀어내기

이 단원에서는 지도에서 땅의 높낮이를 나타내는 등고선에 대하여 공부합니다.
우리가 살아가는 땅은 울퉁불퉁한 입체입니다.
등고선은 이런 땅 모습을 평평한 지도에 나타내기 위한 수단입니다.
특히 좁은 범위의 땅을 자세하게 그린 지도에서는 등고선이 중요한데,
땅의 높낮이와 생김새를 가장 정확하게 나타낼 수 있기 때문입니다.

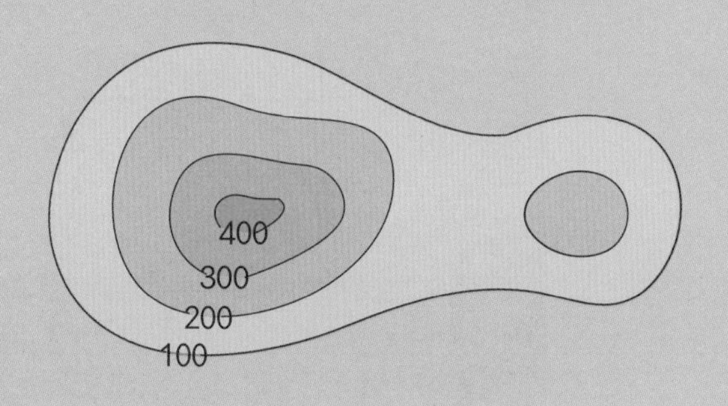

17 지도에서 땅의 높낮이는 어떻게 나타낼까요?

우리가 살아가는 땅은 운동장처럼 평평하지 않습니다.
분화구처럼 우묵 들어간 곳, 평야처럼 평탄한 곳, 산처럼 높이 솟아 오른 곳도 있지요.
이렇게 높고 낮은 땅의 모습을 지도에서는 어떻게 나타내는지 알아봅시다.

연계교과 3학년 1학기 사회 / 1. 우리가 살아가는 곳 2) 지도에 쓰이는 약속
4학년 1학기 사회 / 1. 촌락의 형성과 주민 생활 1) 촌락의 위치와 자연환경

1. 서양 옛 지도의 높낮이 표현 알아보기

아래 지도는 1700년에 프랑스에서 그려진 우리나라 주변의 지도입니다. 물음에 알맞은 답을 찾아 ○표 하거나, □ 안에 쓰세요.

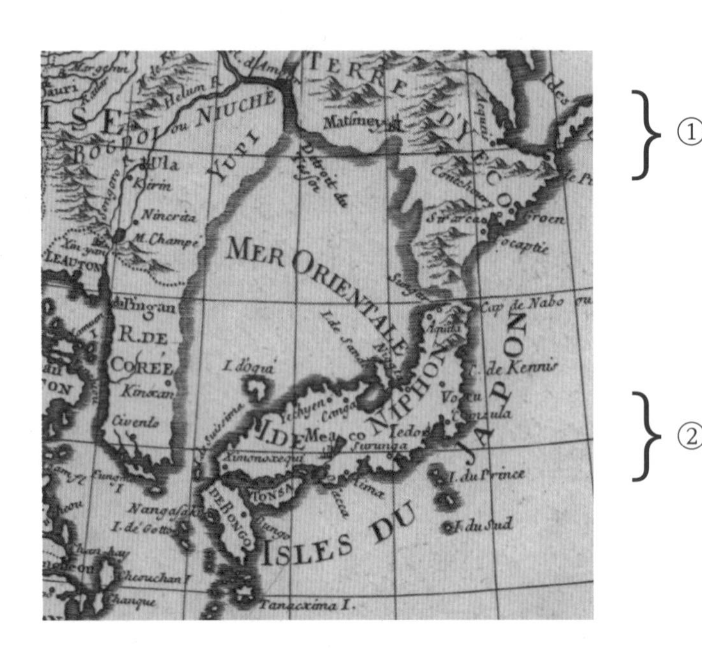

①

②

이 지도는 프랑스 왕실지리학자 기욤 드릴(Guillaume Delisle, 1675~1726)이 제작한 지도입니다. 이전까지 우리나라를 섬으로 표현한 것과는 달리 정확하게 반도로 표현하였습니다. 하지만 주변의 일본과 달리 우리나라의 모습이 조금은 단순하게 그려졌는데 이건 당시 조선에 대한 서양 사람들의 관심이나 지리적 정보가 부족했기 때문입니다.

1 우리나라(CORÉE)를 찾아 ○표 하세요.

2 지도 한 가운데쯤에 있는 'MER ORIENTALE'는 오늘날 어느 바다를 말할까요? □□

3 지도의 ①, ② 지역 중에서 산이 더 높은 곳은 어디일지 판단하고, 그 이유를 쓰세요.

(①, ②) 지역이 더 높을 것이다.

왜냐하면 그곳에는 여러 개의 □줄기 모양이 그려져 있기 때문이다.

2. 우리나라 옛 지도의 높낮이 표현 알아보기 1

그림은 대동여지도의 일부입니다. 물음에 알맞은 답을 □ 안에 쓰세요.

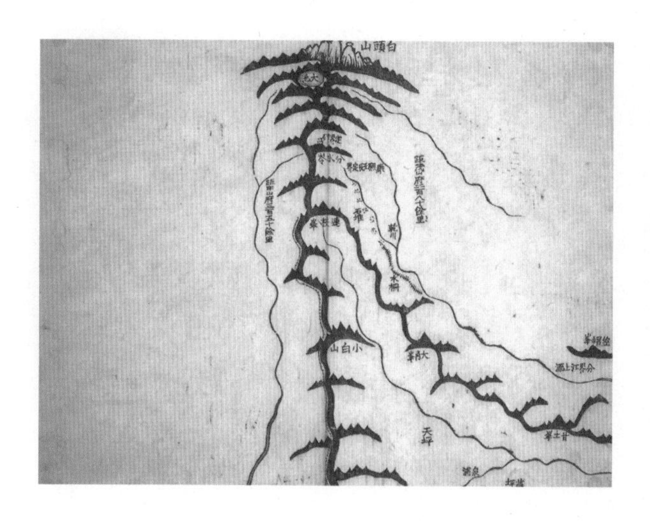

1 지도의 가장 북쪽에 한자로 白頭山이라고 거꾸로 쓰인 산의 이름은 무엇일까요? 우리나라에서 가장 높은 산이랍니다. □□산

2 톱니 모양의 세모꼴( )은 무엇을 나타낼까요? 산□우□

3 길게 이어지는 검고 굵은 선( )은 무엇을 나타낼까요? 산□기

3. 우리나라 옛 지도의 높낮이 표현 알아보기 2

공주 부근의 옛 지도입니다. 물음에 알맞은 말을 찾아 □ 안에 쓰거나, ○표 하세요.

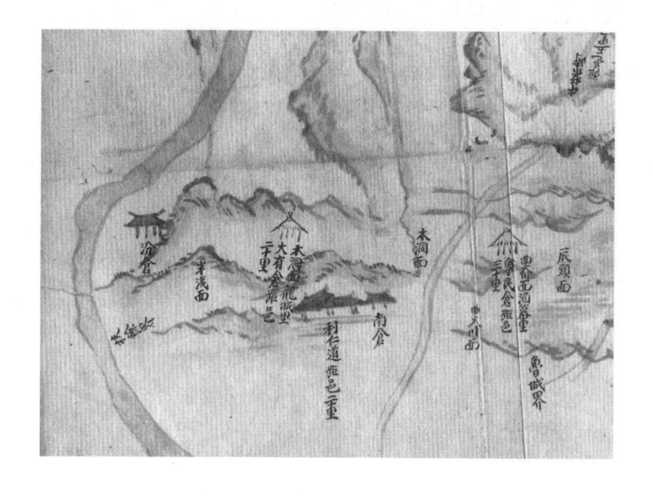

1 옛 지도에서는 땅의 높낮이를 어떻게 나타내고 있나요?

실제 □모양처럼 그려서 (대략, 자세히) 표현하고 있다.

2 이런 방식으로 땅의 높낮이를 표현하면 어떤 문제가 있을까요?

땅의 높낮이와 생김새를 정확히 표현하기 (쉽다, 어렵다).

4. 색깔을 이용한 높낮이 표현 알아보기 1

세계의 높낮이를 나타낸 지도입니다. 물음에 알맞은 말에 ○표 하세요.

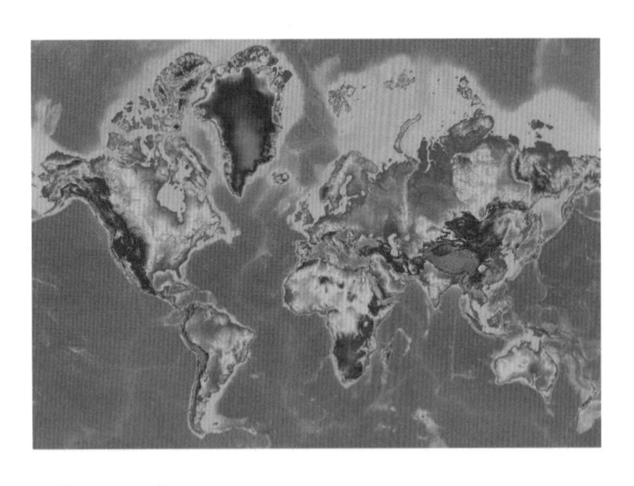

일반적으로 지도에서 낮거나 평평한 곳은 초록색으로 높거나 경사진 곳은 갈색으로 나타냅니다. 그리고 같은 갈색이라도 진할수록 더 높은 곳 연할수록 더 낮은 곳을 나타냅니다.

수심(水深)은 '물의 깊이'를 말합니다.

1 색깔의 차이는 무엇을 나타낼까요? (높낮이, 생김새)

2 갈색은 (높, 낮)은 곳, 초록색은 (높, 낮)은 곳임을 나타냅니다.

3 바다에서 파란색이 진해질수록 수심이 (얕, 깊)은 곳임을 나타냅니다.

5. 색깔을 이용한 높낮이 표현 알아보기 2

우리나라의 일부를 나타낸 지도입니다. 물음에 알맞은 말에 ○표 하세요.

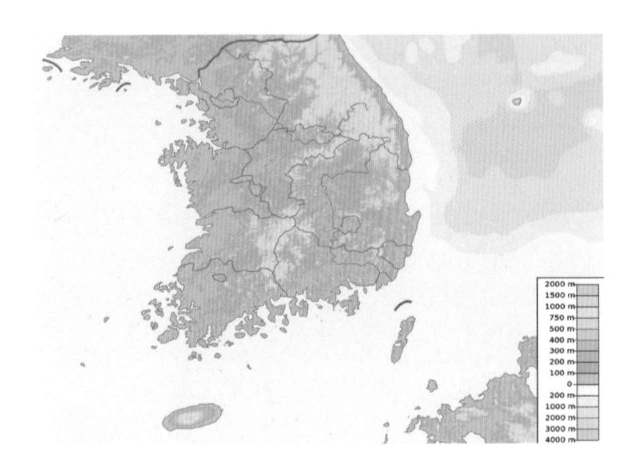

우리나라는 서쪽으로 갈수록 땅이 낮고, 동쪽으로 갈수록 땅이 높습니다. 그래서 우리나라 지형을 **동고서저**(東高西低) **지형**이라고 부릅니다. 즉, 동쪽은 높고 서쪽은 낮다는 의미입니다.

1 초록색이 진해질수록 (낮, 높)은 곳을, 노란색이 진해질수록 (낮, 높)은 곳을 대략 나타냅니다.

2 우리나라 땅은 동쪽으로 갈수록 대략 어떻게 달라지나요? 점차 (낮, 높)아진다.

3 땅의 높낮이를 무엇으로 나타내고 있나요? (산줄기 모양, 색깔의 차이)

18 땅의 높낮이에 대한 감각을 익혀보아요!

지구에서 가장 높은 곳은 8,848m의 에베레스트 산이고, 가장 낮은 곳은 10,916m의 마리아나 해구로 알려져 있습니다.
그러니까 지구는 약 20,000m 정도의 높이차를 지닌 셈입니다.
이와 관련하여 높이 감각을 한번 익혀봅시다.

연계교과

3학년 1학기 사회 / 1. 우리가 살아가는 곳 1) 우리 고장의 위치 2) 지도에 쓰이는 약속

4학년 1학기 사회 / 1. 촌락의 형성과 주민 생활 1) 촌락의 위치와 자연환경

1. 땅의 높낮이 감각 익히기

어느 날 태평양 한 가운데서 솟아오른 '써든' 대륙의 모습입니다. 알맞은 답을 □ 안에 쓰세요.

10,000
8,000
6,000
4,000
2,000
0
-2,000
-4,000
히말 산
지리 쉼터
초등 전망대
한라봉
사회 산장
10,000
파밀 고원
마다 섬
바칼 호
아랄 호
마리 해구

1 다음 장소들의 높이는 얼마인가요?

① 파밀 고원 □□□□m

② 히말 산 □□□□m

③ 한라봉 □□□□m

④ 지리 쉼터 □□□□m

⑤ 초등 전망대 □□□□m

⑥ 마다 섬 □□□□m

2 다음 장소들의 수심은 얼마인가요?

① 바칼 호 □□□□m ② 아랄 호 □□□□m ③ 마리 해구 □□□□m

3 '마리 해구'는 '아랄 호'보다 얼마나 더 깊은가요? □□□□m

4 비행기는 '한라봉'보다 얼마나 더 높이 떠있나요? □□□□m

5 내가 현재 '초등 전망대'에 있다면, 얼마나 더 올라가야 '히말 산'에 이를 수 있나요? □□□□m

6 새떼는 몇 m와 몇 m 사이의 높이를 날고 있나요? □□□□m~□□□□m

7 '히말 산'은 '마다 섬'보다 얼마나 더 높은가요? □□□□m

8 비행기가 지금과 같은 높이로 '파밀 고원' 상공을 날고 있다면, '파밀 고원'에 착륙하기 위해서는 얼마나 더 내려와야 하나요? □□□□m

19 지도의 등고선은 어떻게 그릴까요?

땅의 높낮이를 자세하게 나타내기 위해서 사람들은 '등고선'이라는 아이디어를 쓰고 있습니다. 같을 등(等), 높을 고(高), 줄 선(線)이 합쳐진 한자말이지요. 즉, 등고선은 같은 높이를 이은 선입니다. 그럼, 지금부터 등고선에 대하여 자세히 살펴봅시다.

연계교과
3학년 1학기 사회 / 1. 우리가 살아가는 곳 2) 지도에 쓰이는 약속
4학년 1학기 사회 / 1. 촌락의 형성과 주민 생활 1) 촌락의 위치와 자연환경

1. 등고선 모습 살펴보기

그림을 보고 물음에 알맞은 답을 고르거나, □ 안에 쓰세요.

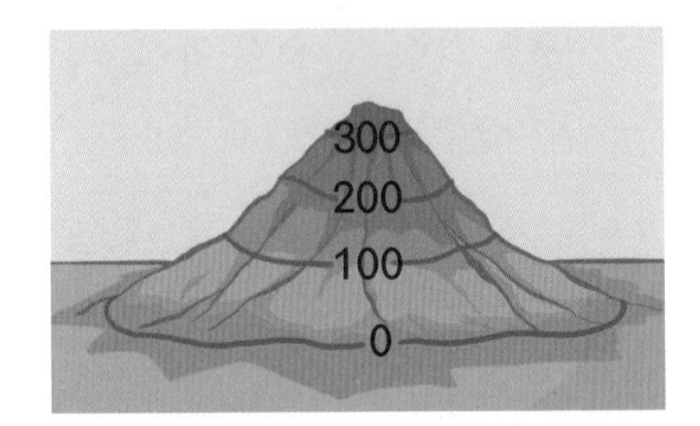

1 어떤 산의 실제 모습입니다. 산을 둘러싸고 일정한 간격으로 그려진 여러 개의 빨간 선은 같은 높이를 이은 선입니다. 무엇이라고 할까요? □□□

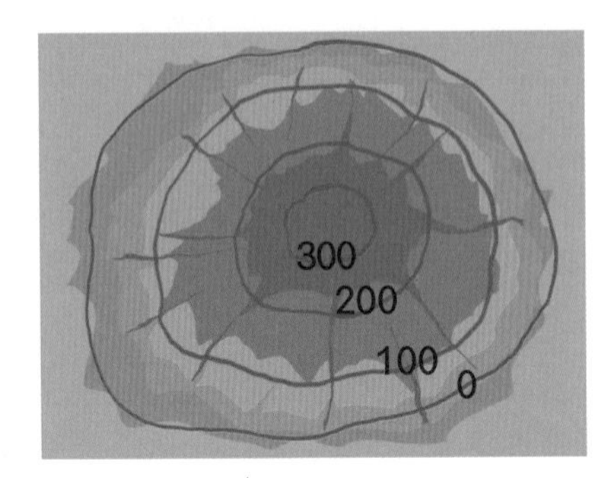

2 이것은 어느 위치에서 바라본 산의 모습일까요?

① 산 앞에서 바라본 모습
② 땅 밑에서 위로 올려다본 모습
③ 하늘에서 아래로 내려다본 모습

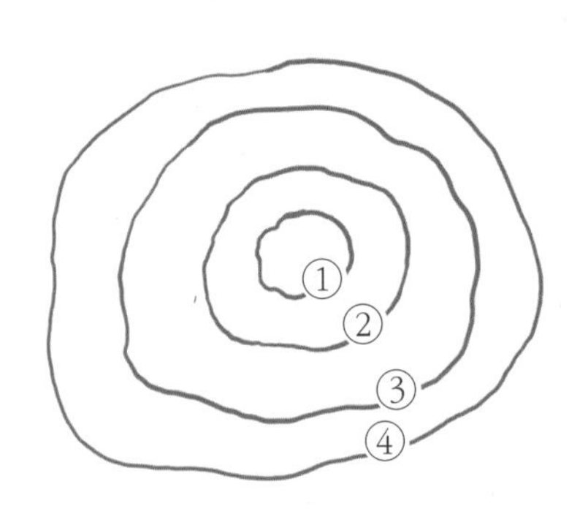

3 실제 산의 모습을 등고선만으로 나타내면 왼쪽 그림과 같습니다. 위의 그림을 바탕으로 □ 안에 알맞은 숫자를 쓰세요.

① □□□
② □□□
③ 100
④ □

2. 등고선 그리기 1

그림에서 같은 숫자를 찾아 부드럽게 이어보세요.

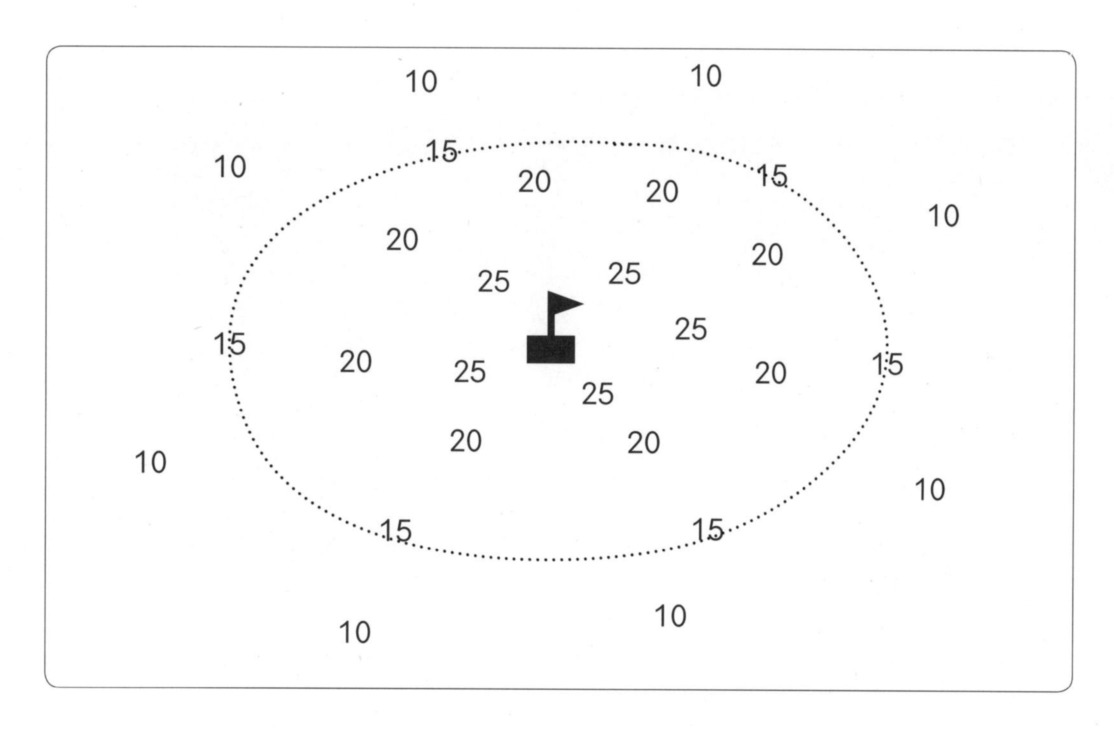

3. 등고선 그리기 2

숫자는 세모네 마을 여러 곳의 높이입니다. 같은 높이의 지점(●)을 찾아 곡선으로 부드럽게 이어보세요.

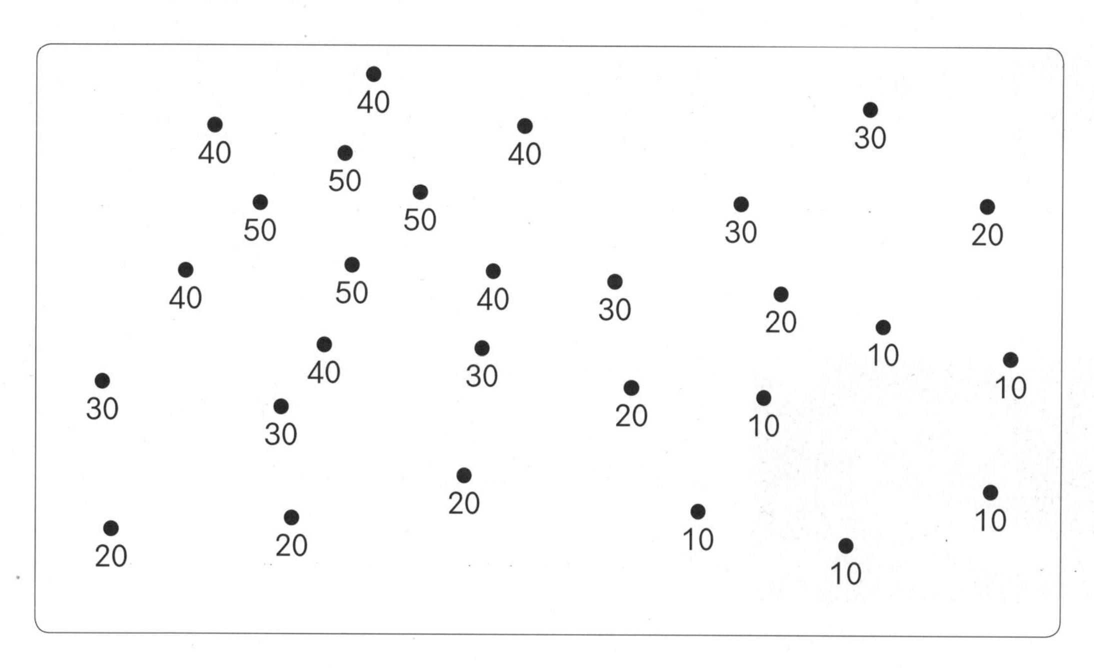

4. 등고선 그리기 3

숫자는 어느 고장에서 잰 여러 지점의 높이입니다. 20m, 40m, 60m 등고선을 그려 보세요.

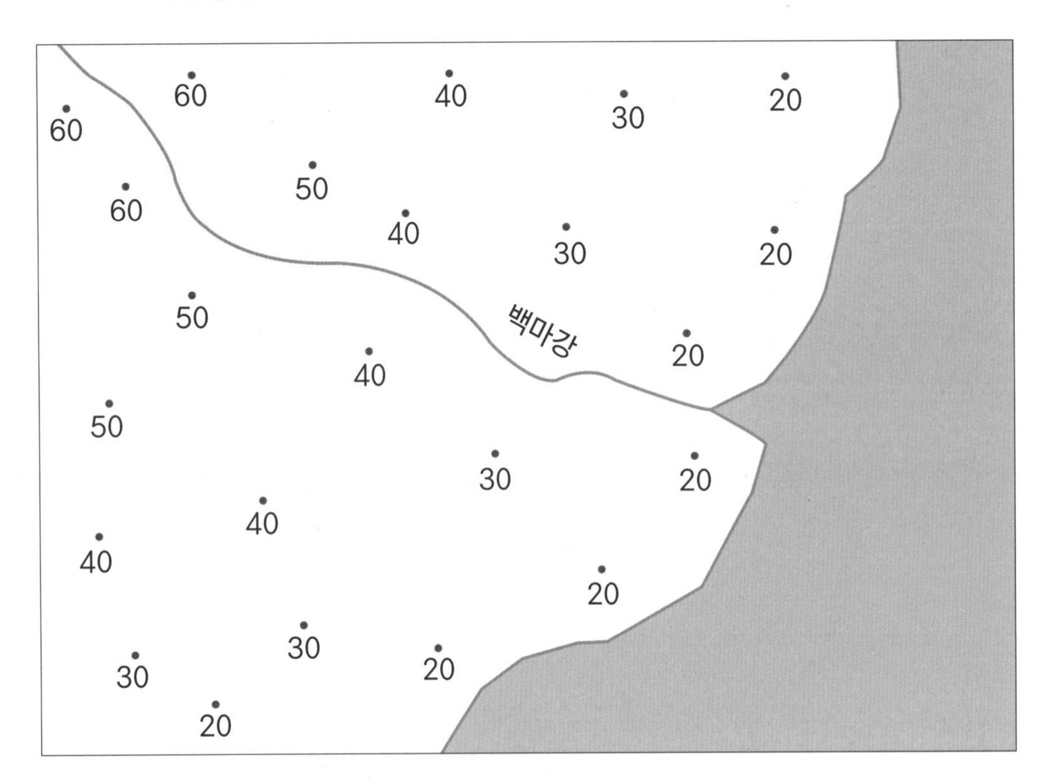

땅의 높이를 나타낼 때, 흔히 해발고도라는 말을 씁니다. '백두산은 해발고도 2,744m이다' 라는 식으로 말합니다. 여기서 **고도(高度)**는 높은 정도, 곧 **'높이'**를 말합니다. **해발(海拔)**은 바다로부터 뽑은, 곧 '바다를 기준으로 삼은' 이란 뜻입니다. 그러니까 해발고도란 **'바다로부터 잰 높이'** 라는 뜻이지요. 우리나라는 인천 앞 바다의 평균 해수면을 기준으로 해발고도를 재고 있습니다.

그런데 바다 수면은 항상 출렁이고 오르내리기 때문에 기준점을 육지의 적당한 곳으로 옮겨 표시해놓습니다. 그것을 수준원점이라고 하지요. 대한민국의 수준원점은 인천의 인하공업전문대학교 안에 있습니다. 현재 이곳은 등록문화재 제247호로 지정하여 관리되고 있답니다.

◀ **대한민국 수준원점**

20 등고선 값으로 땅의 높이를 알 수 있어요!

등고선을 바탕으로 어떤 지점의 높이를 알 수 있습니다.
그런데 등고선은 지도마다 다른 값으로 그려집니다.
그래서 등고선이 몇 미터마다 그려져 있는지를 살핀 다음에, 어떤 지점의 높이를 찾아내야 합니다. 연습해볼까요?

연계교과
3학년 1학기 사회 / 1. 우리가 살아가는 곳 1) 우리 고장의 위치 2) 지도에 쓰이는 약속
4학년 1학기 사회 / 1. 촌락의 형성과 주민 생활 1) 촌락의 위치와 자연환경

1. 등고선의 간격 파악하기

두 섬의 지도를 보고, 물음에 알맞은 숫자를 □ 안에 쓰세요.

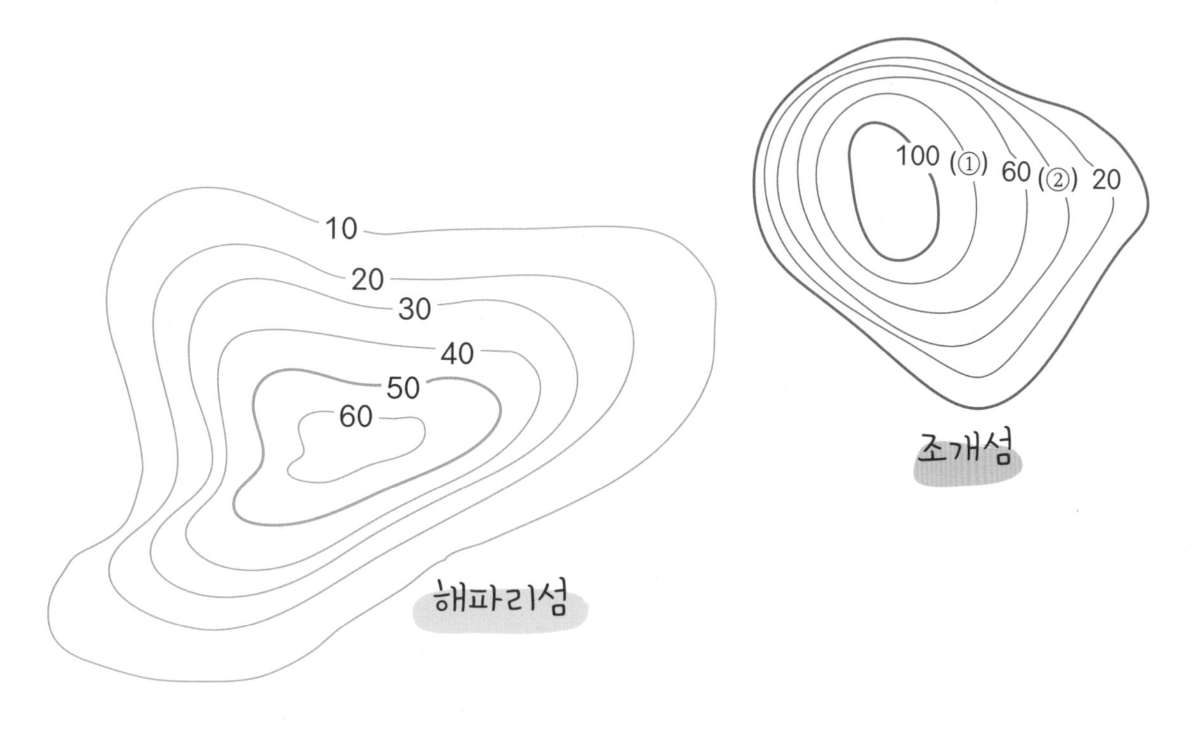

1 해파리섬 지도에서는 등고선이 몇 미터(m)마다 그려져 있나요? □□m마다

2 조개섬 지도에서는 20m 간격으로 등고선이 그려져 있습니다. 지도의 ①과 ②에 들어갈 알맞은 숫자는 무엇일까요? ① □□, ② □□

2. 등고선으로 땅의 높이 파악하기 1

이티머리 섬의 지도입니다. 물음에 알맞은 숫자를 쓰거나, ○표 하세요.

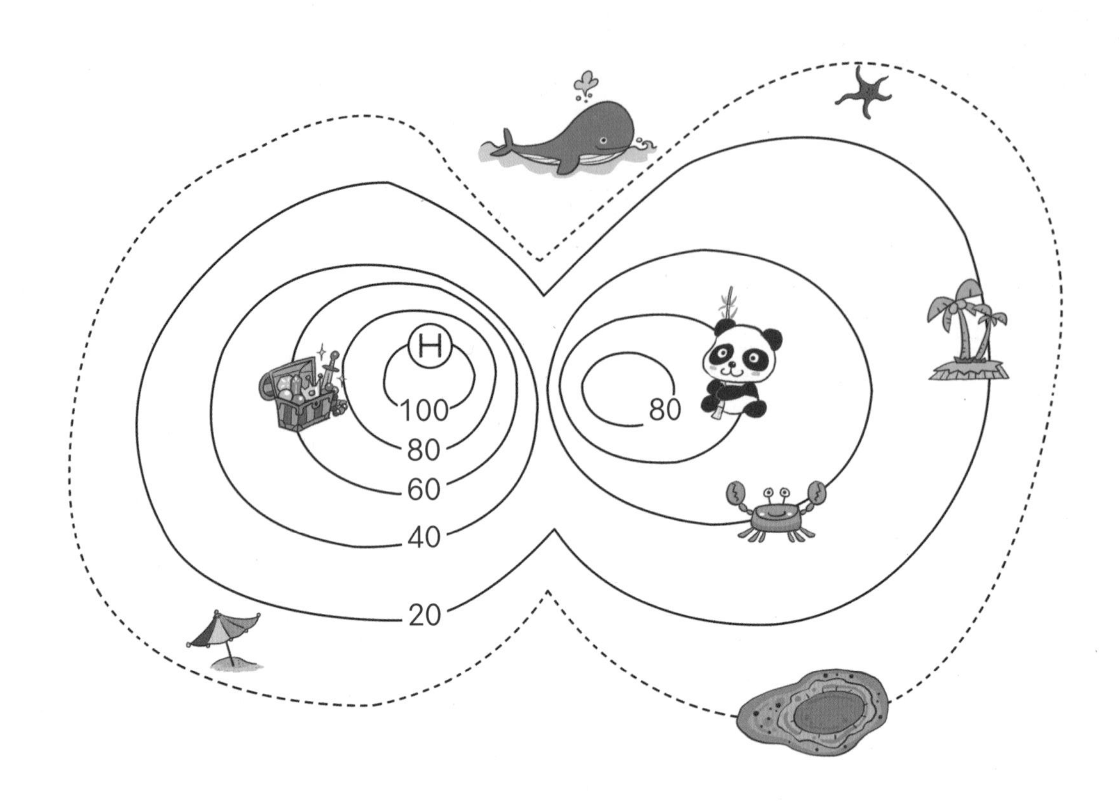

1 등고선은 몇 미터마다 그려져 있나요? □□m마다

2 다음 장소들의 높이는 얼마일까요?

야자수	□□m
판다곰	□□m
보물 상자	□□m

Ⓗ

3 '헬기장(Ⓗ)'과 '판다곰' 사이의 높이는 얼마나 차이날까요? □□m

4 '게'는 자기 집보다 얼마나 높이 올라가 있을까요? □□m

3. 등고선으로 땅의 높이 파악하기 2

고래섬 지도입니다. 물음에 알맞은 답을 찾아 ○표 하거나, □ 안에 쓰세요.

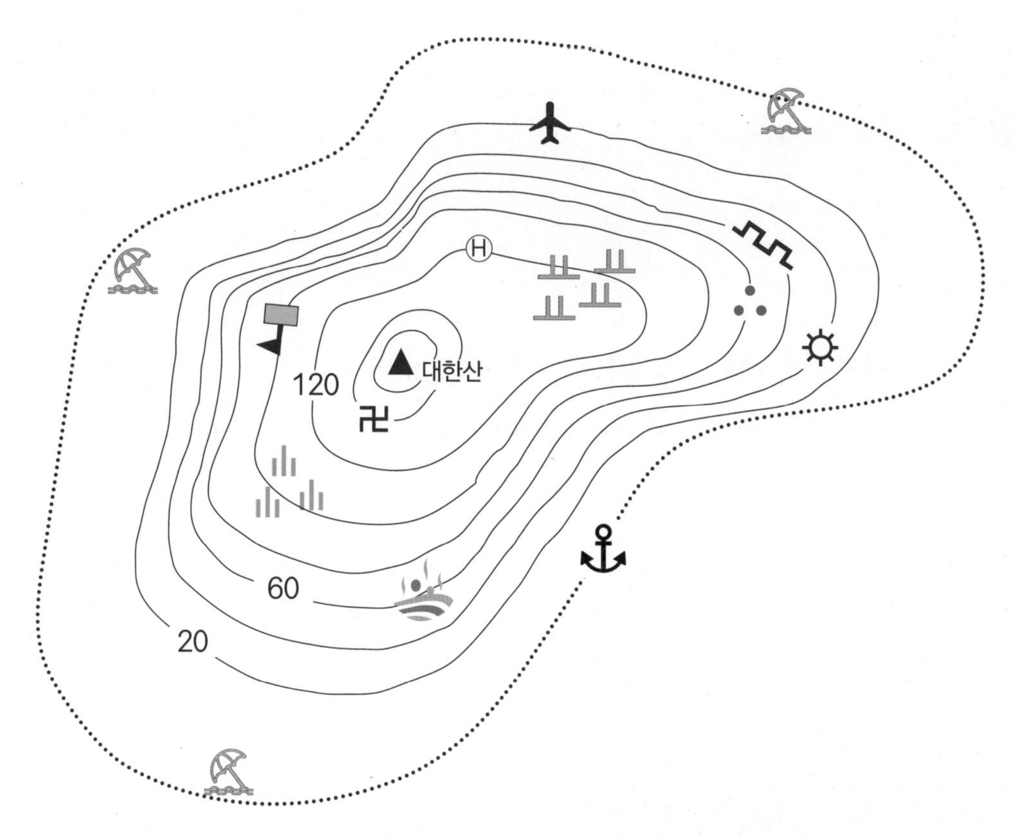

1 지도의 등고선들은 몇 미터마다 그려져 있나요? □□m마다

2 100m 등고선을 찾아 검은색으로 **진하게** 표시하세요.

3 '밭'과 '논' 중에서 어느 쪽이 더 높은 곳에 있을까요? (밭, 논)

4 다음 장소의 높이는 얼마일까요?

절	□□□m
온천	□□m
명승고적	□□m

5 '헬기장-비행장' 사이의 높이와 '공장-학교' 사이의 높이 중에서 어느 쪽이 얼마나 더 높을까요? (헬기장-비행장, 공장-학교) 사이가 □□m 더 높다.

6 '항구'와 '성터' 사이의 높이차는 얼마나 될까요? □□m

7 '공장'은 '절'보다 몇 미터 더 아래에 있을까요? □□□m

21 등고선의 굽은 모양으로 계곡과 능선을 구분할 수 있어요!

산은 한눈에 보기에 세모꼴이지만 자세히 살펴보면 울퉁불퉁하게 생겼습니다.
특히 오목 들어간 골짜기도 있고, 볼록 내민 산등성이도 있습니다.
등고선은 이런 땅의 생김새도 편리하게 나타낼 수 있습니다. 한번 살펴볼까요?

연계교과 3학년 1학기 사회 / 1. 우리가 살아가는 곳 2) 지도에 쓰이는 약속
4학년 1학기 사회 / 1. 촌락의 형성과 주민 생활 1) 촌락의 위치와 자연환경

1. 산등성이와 골짜기 찾아보기

사진은 어느 산의 모습입니다. 물음에 알맞은 말을 찾아 ○표 하거나, □ 안에 쓰세요.

1 (가), (나)는 (산등성이, 골짜기)로서 다른 말로는 (능선, 계곡)이라고도 합니다. ㉠, ㉡은 (산등성이, 골짜기)로서 다른 말로는 (능선, 계곡)이라고도 합니다.

2 산꼭대기를 중심으로 산등성이는 바깥으로 (오목, 볼록)하게 내민 모양이고, 골짜기는 안으로 (오목, 볼록)하게 들어간 모양입니다.

3 물줄기는 (가), ㉠ 중에서 어느 곳을 따라 흐를까요?

2. 등고선의 굽은 모양으로 산등성이와 골짜기 구분하기 1

어느 산을 등고선으로 나타낸 지도입니다. 물음에 알맞은 말을 찾아 ○표 하세요.

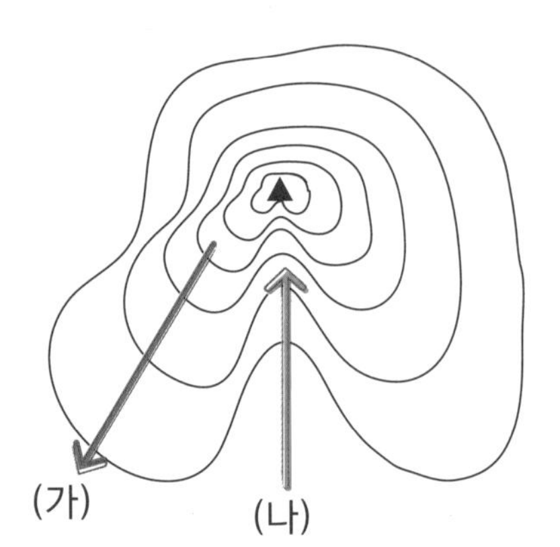

산꼭대기(▲)에서 볼 때, 바깥으로 툭 내민 (가)는 (산등성이, 골짜기), 안쪽으로 쏙 들어간 (나)는 (산등성이, 골짜기)를 나타냅니다.

3. 등고선의 굽은 모양으로 산등성이와 골짜기 구분하기 2

등고선으로 나타낸 장미산의 모습입니다. 이 산에는 산등성이와 골짜기가 각각 4개씩 있습니다. 나머지 3개를 찾아 지도에서처럼 산등성이를 따라서는 빨강색, 골짜기를 따라서는 파랑색 화살표로 각각 표시하세요.

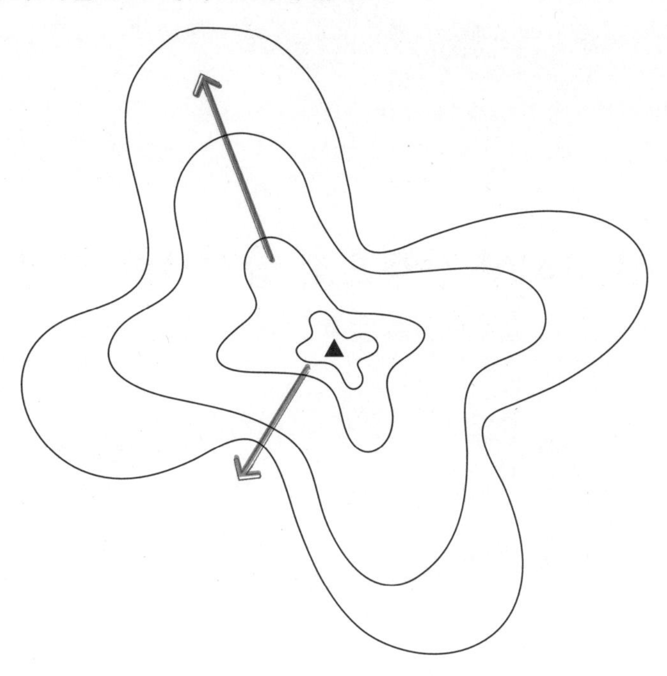

4. 등고선의 굽은 모양으로 산등성이와 골짜기 구분하기 3

나팔산에는 계곡 물이 세 군데에서 흐르고 있습니다. 등고선의 모양을 바탕으로 계곡 물이 어디에서 어디로 흐를지 추리하여 파랑색 화살표로 표시하세요.

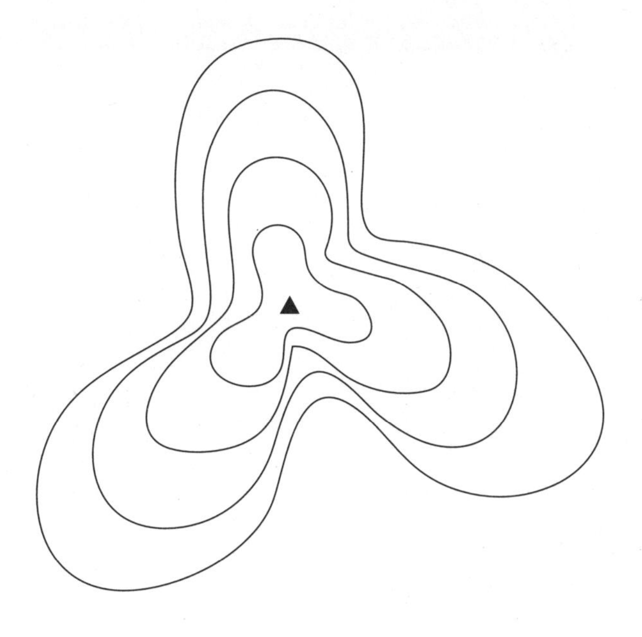

22 등고선 사이의 간격으로 경사를 알 수 있어요!

등고선으로 땅이 비탈져 있는 정도인 경사를 알아낼 수 있습니다.
등고선 간격이 좁을수록 경사가 가파른데 이를 급경사라고 합니다.
반면 등고선 간격이 넓을수록 경사가 완만한데 이를 완경사라고 합니다.
실제로 그런지 확인해볼까요?

연계교과 **3학년 1학기 사회** / 1. 우리가 살아가는 곳 2) 지도에 쓰이는 약속
4학년 1학기 사회 / 1. 촌락의 형성과 주민 생활 1) 촌락의 위치와 자연환경

1. 등고선 사이의 간격으로 급경사와 완경사 확인하기

그림을 보고, 물음에 알맞은 말을 찾아 ○표 하거나 쓰세요.

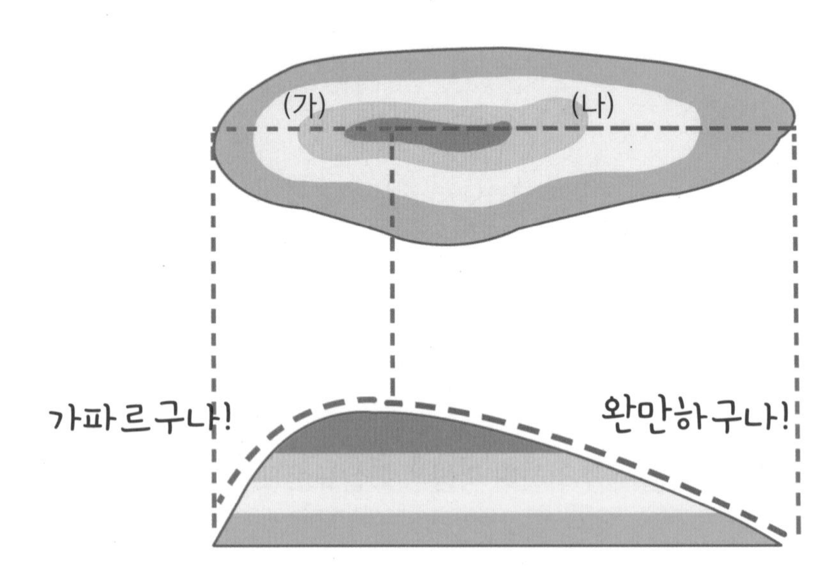

1. 그림의 (가), (나) 중에서 어느 쪽의 등고선 사이의 간격이 더 넓은가요? ________

2. (가)-(나)의 등고선 간격을 따라 곧장 선을 내려 그으면 비탈 정도를 대략 알 수 있답니다. (가) 부분처럼 등고선 사이가 좁으면 (가파르, 완만하)고, (나) 부분처럼 등고선 사이가 넓으면 (가파릅니다, 완만합니다).

3. 따라서 등고선 사이의 간격이 좁으면 (급경사, 완경사), 넓으면 (급경사, 완경사)임을 알 수 있습니다.

4. 그렇다면 등고선이 그려진 지도를 보고 산을 오를 때, (가), (나)의 등산길 중에서 어느 쪽으로 산에 오르는 것이 좀 더 쉬울까요? ________

2. 등고선으로 높이와 경사 파악하기 1

그림 1 과 그림 2 를 보고, 지시에 따라 색칠하거나, 알맞은 답을 □ 안에 쓰세요.

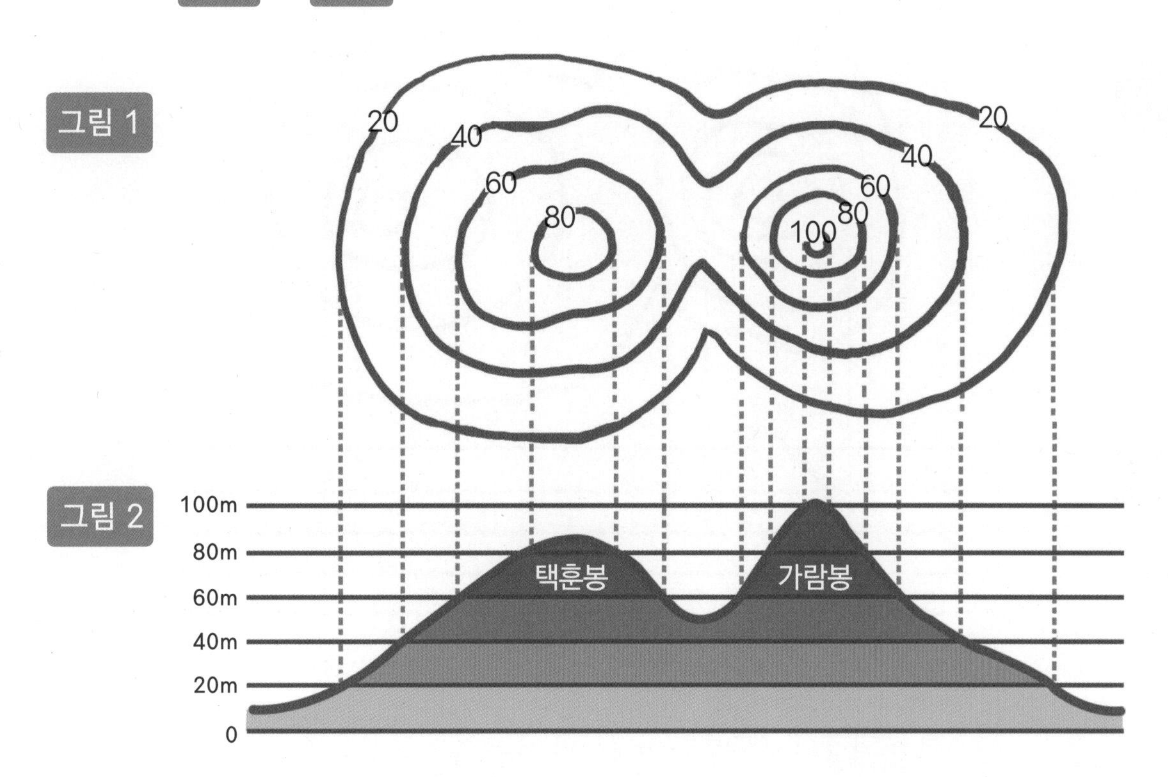

1 그림 1 을 다음과 같이 색칠하세요.

100m 이상	빨강색
80 - 100m	분홍색
60 - 80m	주황색
40 - 60m	노랑색
20 - 40m	초록색

2 등고선은 몇 미터마다 그려져 있나요? □□ m

3 그림 2 를 바탕으로 '택훈봉'의 높이는 대략 얼마일까요? □□ m

4 그림 2 를 바탕으로 '가람봉'의 높이는 대략 얼마일까요? □□□ m

5 대략 어느 봉우리의 등고선 간격이 더 넓을까요? □□ 봉

5 그렇다면 어느 봉우리의 경사가 더 완만할까요? □□ 봉

3. 등고선으로 높이와 경사 파악하기 2

그림 1 과 그림 2 를 보고, 지시에 따라 색칠하거나, 알맞은 답을 □ 안에 쓰세요.

그림 1

그림 2

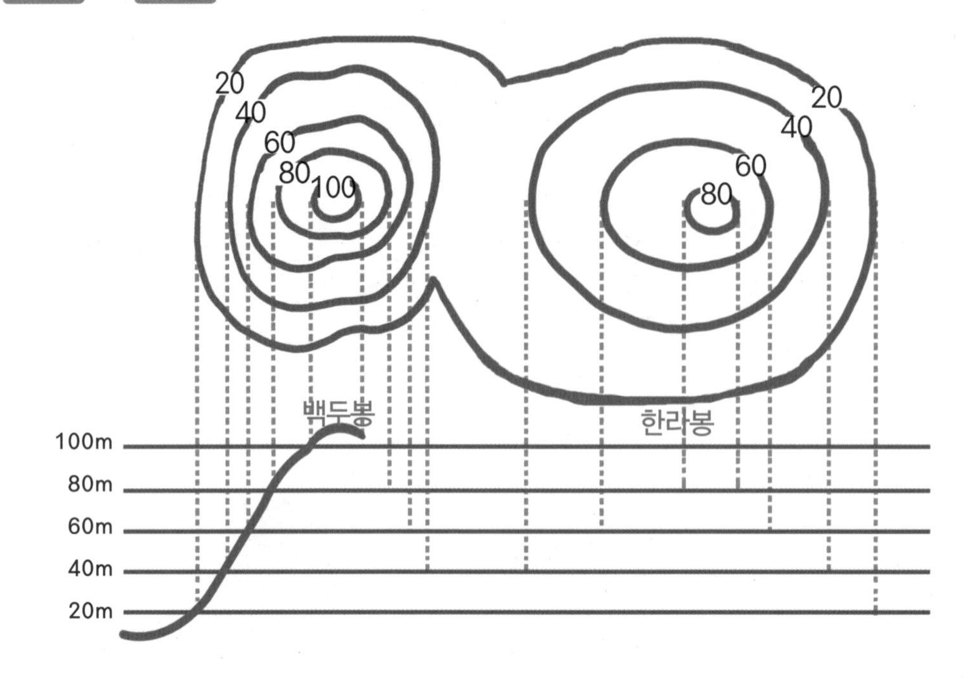

1 그림 1 을 바탕으로 그림 2 의 백두봉과 한라봉의 자른 면도 완성하세요

2 그림 2 를 다음과 같이 색칠하세요.

100m 이상	빨강색
80 - 100m	분홍색
60 - 80m	주황색
40 - 60m	노랑색
20 - 40m	하늘색

3 '백두봉'의 높이는 대략 얼마일까요? □□□ m

4 '한라봉'의 높이는 대략 얼마일까요? □□ m

5 어느 봉우리가 얼마나 더 높은가요? □□ 봉우리가 대략 □□ m 정도 더 높다.

6 어느 봉우리의 등고선 간격이 더 좁을까요? □□ 봉

7 그렇다면 어느 봉우리의 경사가 더 가파를까요? □□ 봉

4. 등고선의 단면도 그리기 1

지도의 (가) - (나) 선을 따라 자른 면을 그려보세요.

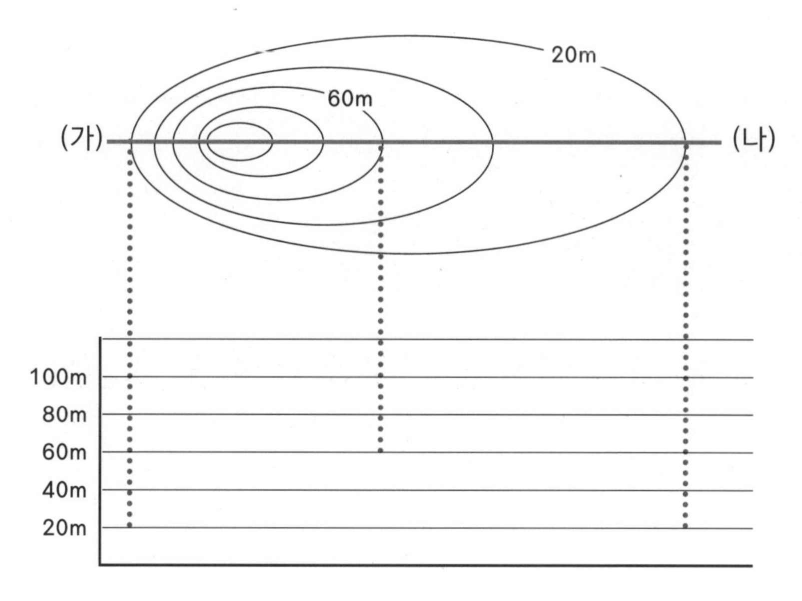

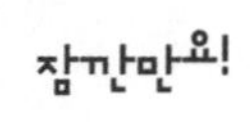

단면도를 그릴 때는 먼저 등고선의 양쪽 가장자리에서 선을 내려 긋는데 해당하는 높이까지 선을 내려긋습니다.
그런 다음 내려진 선들의 끝부분을 차례로 연결합니다. 이때 봉우리 부분은 위로 볼록하게 표시해줍니다.

5. 등고선의 단면도 그리기 2

지도는 남극 대륙의 빙하 높이를 나타냅니다. (가) - (나)로 자른다면 어떤 모습일지 단면도를 그려보세요.

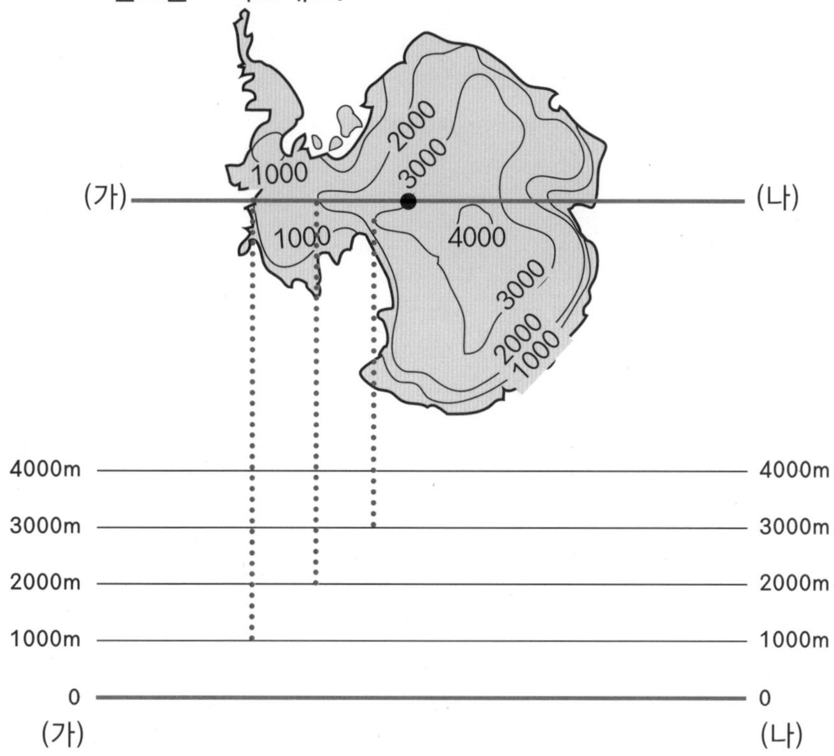

23 등고선의 전체 모양으로 지형을 추리할 수 있어요!

등고선의 전체 모양으로 땅의 생김새, 곧 지형을 대략 추리할 수 있습니다.
특히 산봉우리 모양이나 개수도 알아낼 수 있지요.
그러기 위해서는 평면(2D)으로 그려진 등고선을 보고 입체(3D)로 떠올리는 훈련이 필요합니다. 자, 한번 시도해볼까요?

연계교과

3학년 1학기 사회 / 1. 우리가 살아가는 곳 2) 지도에 쓰이는 약속
4학년 1학기 사회 / 1. 촌락의 형성과 주민 생활 1) 촌락의 위치와 자연환경

1. 등고선의 전체 모양으로 산봉우리 모습 추리하기 1

다음과 같은 등고선으로 그려진 산은 대략 어떤 모습일까요?

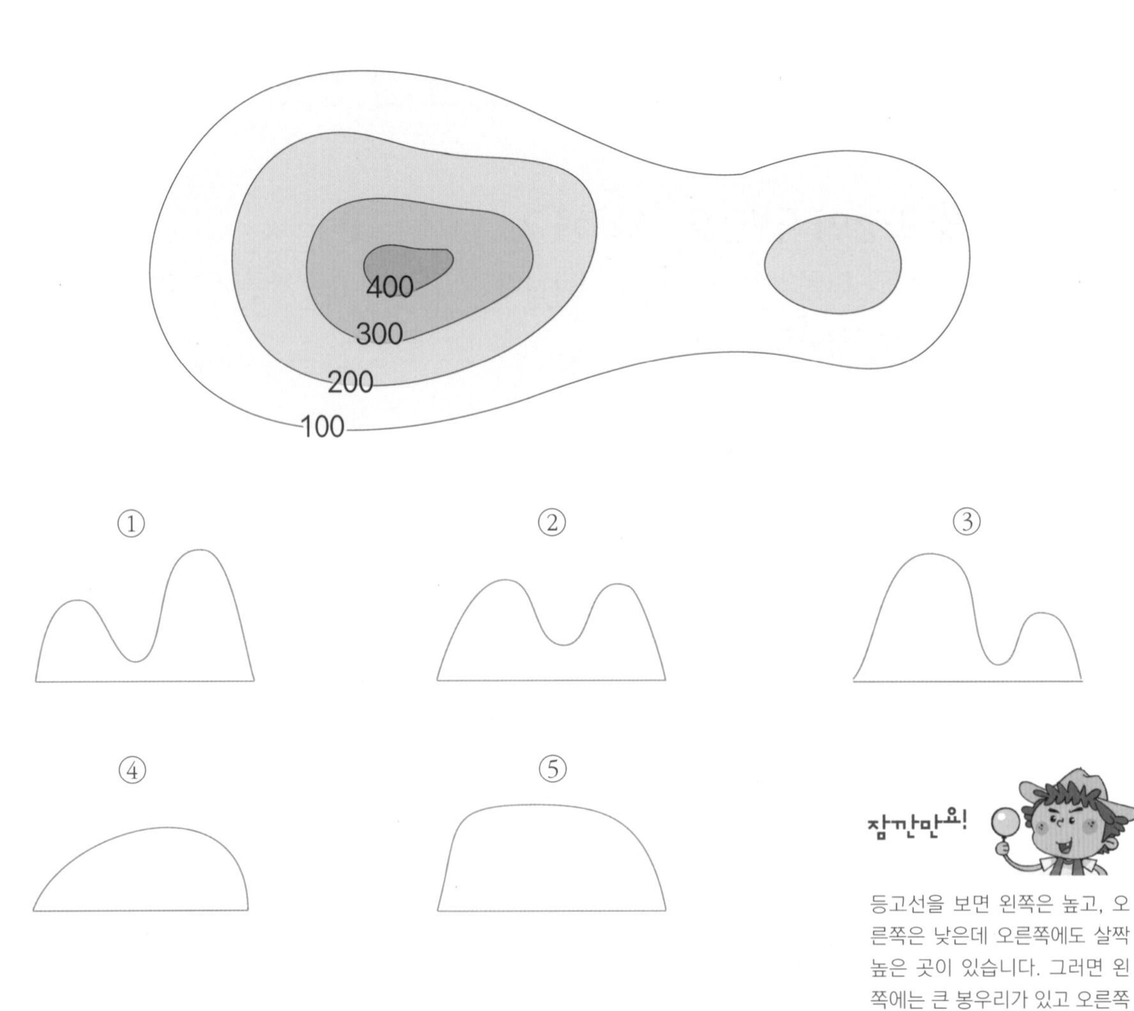

잠깐만요!

등고선을 보면 왼쪽은 높고, 오른쪽은 낮은데 오른쪽에도 살짝 높은 곳이 있습니다. 그러면 왼쪽에는 큰 봉우리가 있고 오른쪽에는 작은 봉우리가 있다고 볼 수 있습니다.

2. 등고선의 전체 모양으로 산봉우리 모습 추리하기 2

다음의 등고선들은 실제로 어떤 모양의 산을 그린 것인지 알맞은 것끼리 연결해보세요.

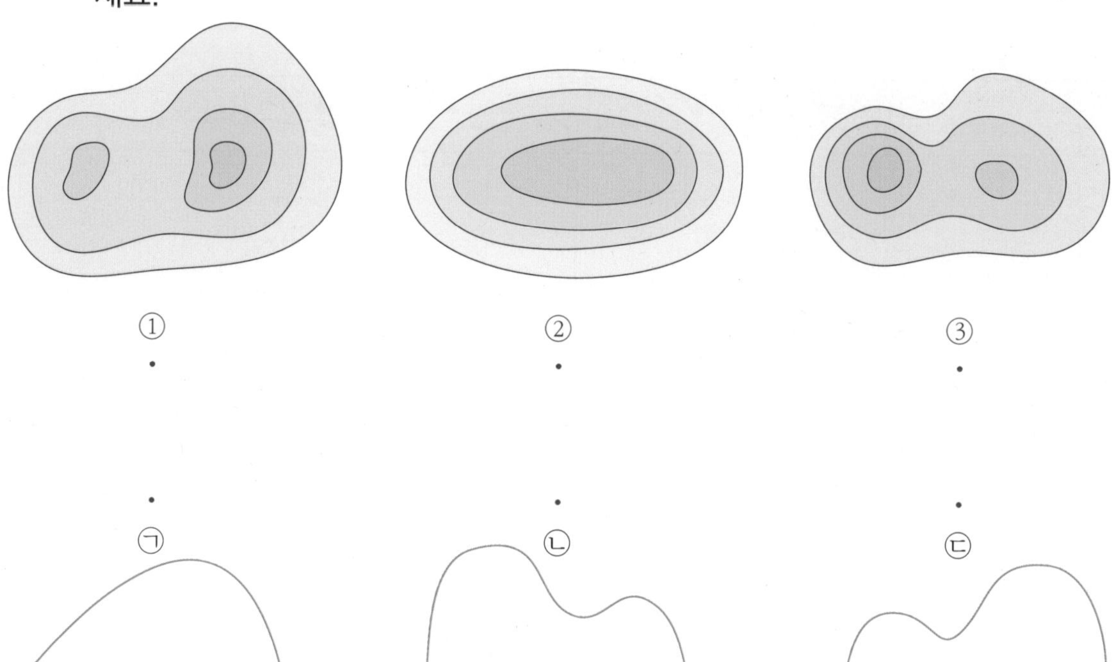

①　　②　　③

㉠　　㉡　　㉢

3. 등고선의 전체 모양으로 산봉우리 모습 추리하기 3

①~③의 등고선은 모두 20m 간격으로 그려져 있습니다. 물음에 알맞은 답을 찾아 □ 안에 쓰세요.

①　　②　　③

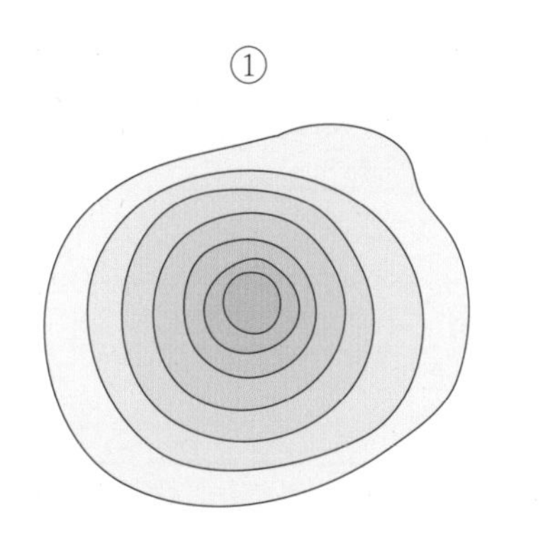

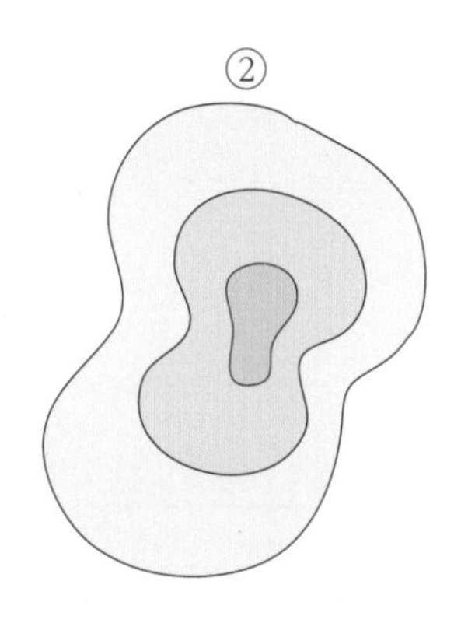

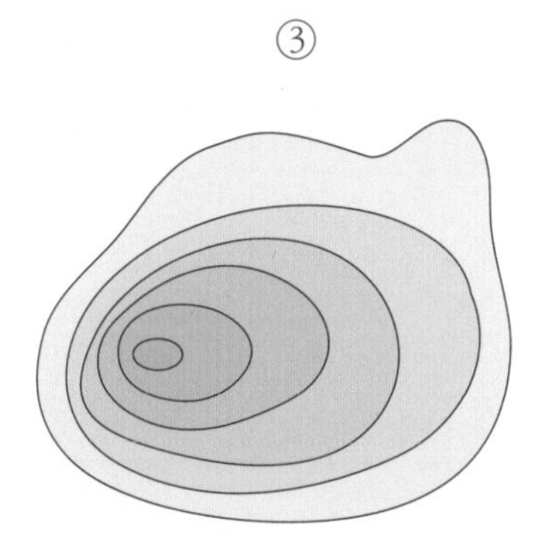

1 가장 높은 산은 어느 것일까요? (　　　)

2 가장 가파른 경사를 가진 산은 어느 것일까? (　　　)

3 가장 완만한 산은 어느 것일까요? (　　　)

4. 등고선의 전체 모양으로 산봉우리 모습 추리하기 4

산봉우리 모양을 바탕으로 등고선의 모습을 추리해 보세요. 그런 다음에 등고선 5개를 이용하여 그려보세요.

	산봉우리 모습	추리한 등고선의 모습
①		
②		
③		
④		
⑤		

5. 등고선의 전체 모양으로 산봉우리 모습 추리하기 5

그림 1 의 (가) ~(다) 방향에서 바라본 산의 모습을 그림 2 의 ① ~ ③에서 골라 쓰세요.

그림 1

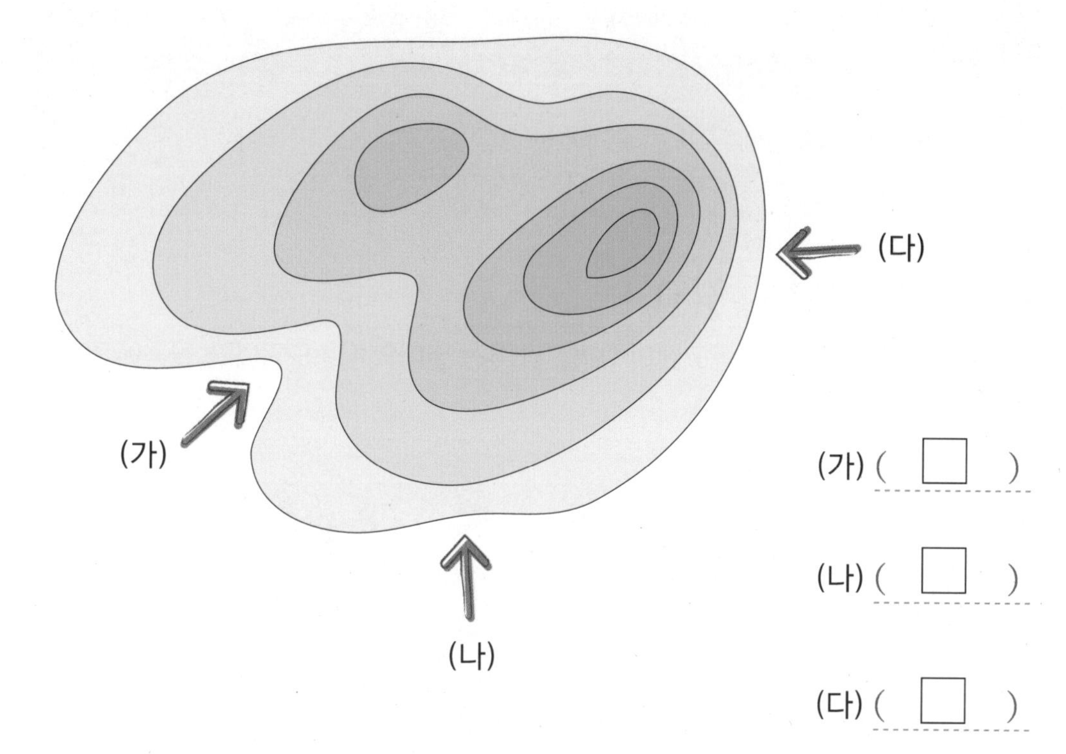

그림 2

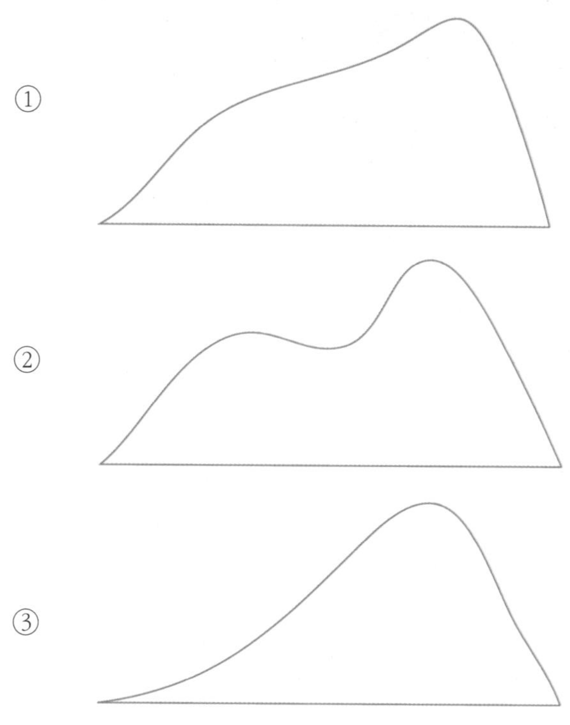

24 등고선 지도로 땅에 대한 여러 정보를 알 수 있어요!

온통 등고선으로 그려진 지도를 지형도라고 합니다.
땅의 생김새, 곧 지형을 잘 나타내기 때문이지요.
그럼, 지형도를 바탕으로 땅에 대한 여러 정보를 찾아보는 활동과 함께 등고선 공부를 마무리 해봅시다.

연계교과

3학년 1학기 사회 / 1. 우리가 살아가는 곳 1) 우리 고장의 위치 2) 지도에 쓰이는 약속
4학년 1학기 사회 / 1. 촌락의 형성과 주민 생활 1) 촌락의 위치와 자연환경

1. 지형도 읽기 1

20m 간격으로 등고선이 그려진 노루산 일대의 지형도입니다. 물음에 알맞은 답을 고르거나, □ 안에 쓰세요.

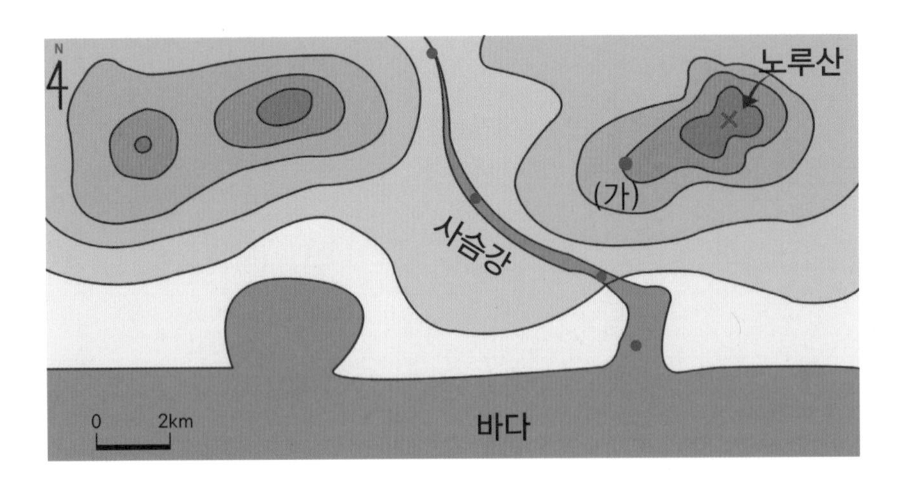

1 (가) 지점의 높이는 얼마인가요? 강 위에 찍힌 점 사이의 직선거리를 차례대로 재보세요.
□□m

2 '사슴강'은 대략 어느 방향으로 흐르나요? □□쪽

3 '사슴강' 강줄기의 길이는 대략 얼마나 될까요? 약 □km

4 '노루산'은 어느 쪽 사면이 가장 가파를까요? (동, 서, 남, 북)쪽 사면

2. 지형도 읽기 2

불독섬의 지형도입니다. 물음에 답하세요.

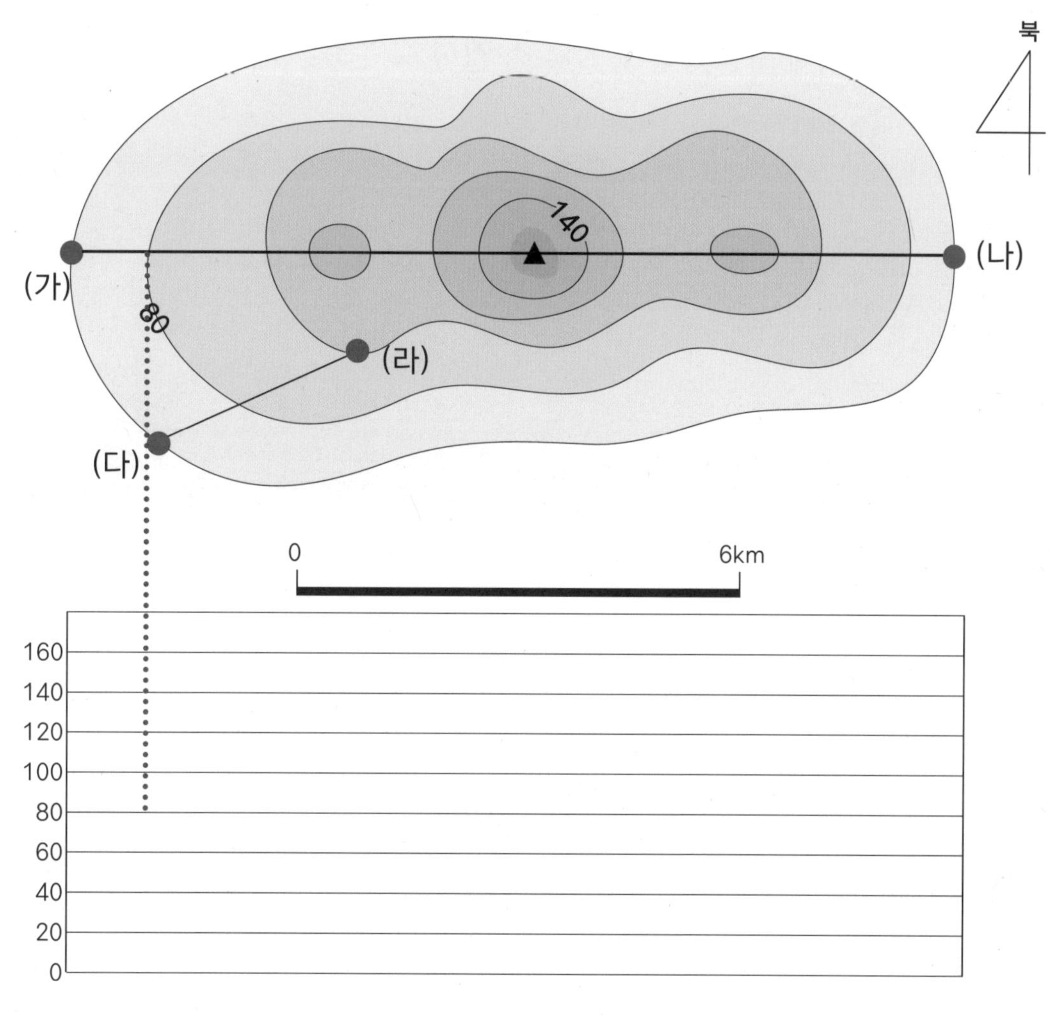

1 '(가)-(나)'의 단면도를 그려봅시다.

2 등고선은 몇 미터 간격으로 그려져 있나요? □□m

3 가장 높은 지점(▲)의 높이는 140m보다 높은가요, 낮은가요? (높다, 낮다)

4 '(가)-(나)'의 실제 직선거리는 대략 얼마인가요? □□km

5 '(다)'와 '(라)' 지점의 높이는 각각 얼마인가요? 두 지점 사이에는 높이차는 얼마인가요?

(다) 지점	□□m
(라) 지점	□□□m
높이차	□□m

지금까지 배운 내용을 정리해봅시다!

등고선과 관련하여 □ 안에 알맞은 말을 〈보기〉에서 찾아 쓰세요.

보기

고, 급, 완, 지, 계곡, 높이, 능선

등고선

- **뜻**
  - 같은 □□의 지점을 연결한 선
- **쓸모**
  - 땅의 높낮이 – □도 표시
  - 땅의 생김새 – □형 표현
- **모양**
  - 산꼭대기를 중심으로 오목하게 안으로 들어간 모양은 골짜기 – □□
  - 산꼭대기를 중심으로 볼록하게 밖으로 내민 모양은 산등성이 – □□
- **간격**
  - 좁으면 가파른 비탈 – □ 경사
  - 넓으면 완만한 비탈 – □ 경사

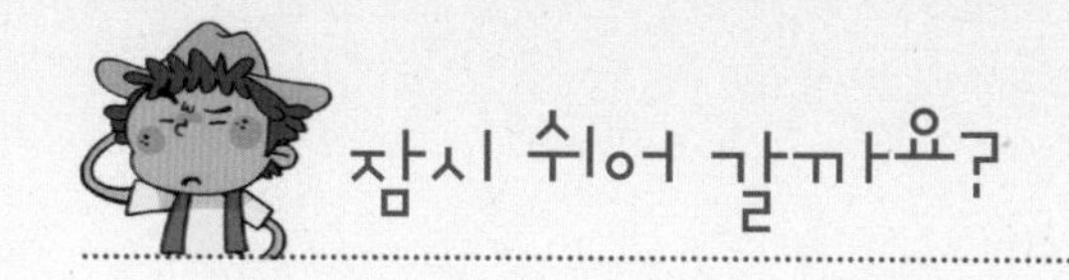

메르카토르 지도와 페터스 지도, 어느 지도가 더 나을까?

세계 지도는 투영법에 따라 어떤 나라는 커보이게 할 수도 있고, 어떤 나라는 작아보이게 할 수도 있습니다. 그렇지만 자기네 나라의 영토를 일부러 작아보이게 하려는 나라는 없을 것이기 때문에 보통은 커 보이게 하는 투영법을 주로 이용합니다. 그 중에 **메르카토르 투영법**(1569년)이란 것이 있습니다. 이 방법으로 세계 지도를 그리면 극지방으로 갈수록 작은 나라도 커 보이게 되고, 큰 나라는 더욱 크게 표현됩니다. 어떤 나라의 크기를 실제와 다르게 보이게 하는 대표적인 투영법이지요.

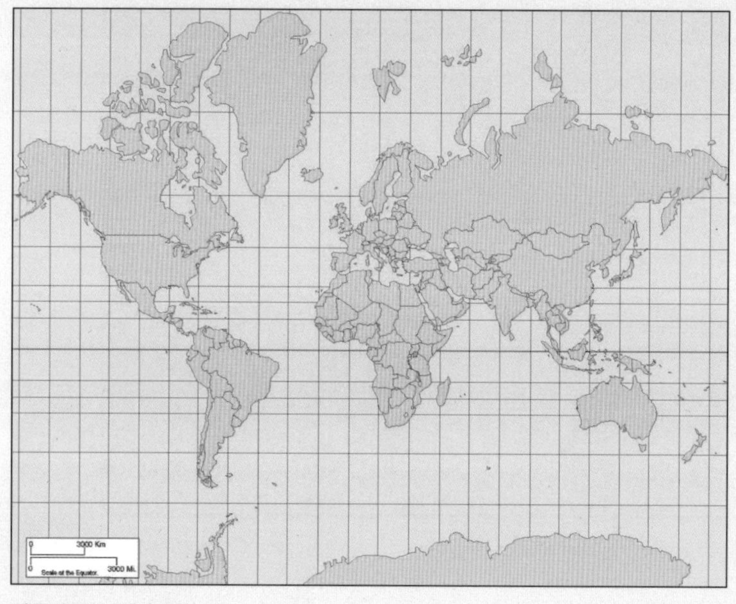

메르카토르 세계지도

러시아(구 소련)는 자기 나라 영토가 광대함에도 더욱 커 보이도록 이 투영법을 오랫동안 즐겨왔습니다. 영국도 세계 육지의 26%를 정복한 위용을 과시하기 위하여 **메르카토르 도법**의 지도를 이용하여 국가 홍보에 다양하게 이용한 적이 있습니다. 그리고 북쪽에 위치한 캐나다, 미국, 북유럽 등 힘센 나라들도 적도 부근에 자리 잡고 있는 나라들보다 더 커 보이게 하려고 이 방식을 이용하였다는 의심까지 받고 있지요. 이런 메르카토르 도법을 이용하여 만든 세계 지도는 오랜 동안 교실의 벽걸이용, 회견장 배경, TV 뉴스 배경 화면 등으로 널리 이용되어 왔습니다.

이렇게 북반구 고위도에 위치한 나라들이 실제보다 크게 확대되는 메르카토르 도법의 문제점을 비판한 사람이 있습니다. 바로 독일의 영화 제작자 아르노 페터스(Arno Peters) 였습니다. 그는 1973년에 아프리카나 아메리카 등 저위도에 위치한 나라들이 두드러지게 나타나는 독특한 세계 지도를 만든 적이 있습니다. 아래 지도가 그것입니다. 앞의 메르카토르 세계 지도와 비교해 보세요. 여러분은 어느 쪽 지도가 세계의 모습을 더 잘 보여준다고 생각하나요?

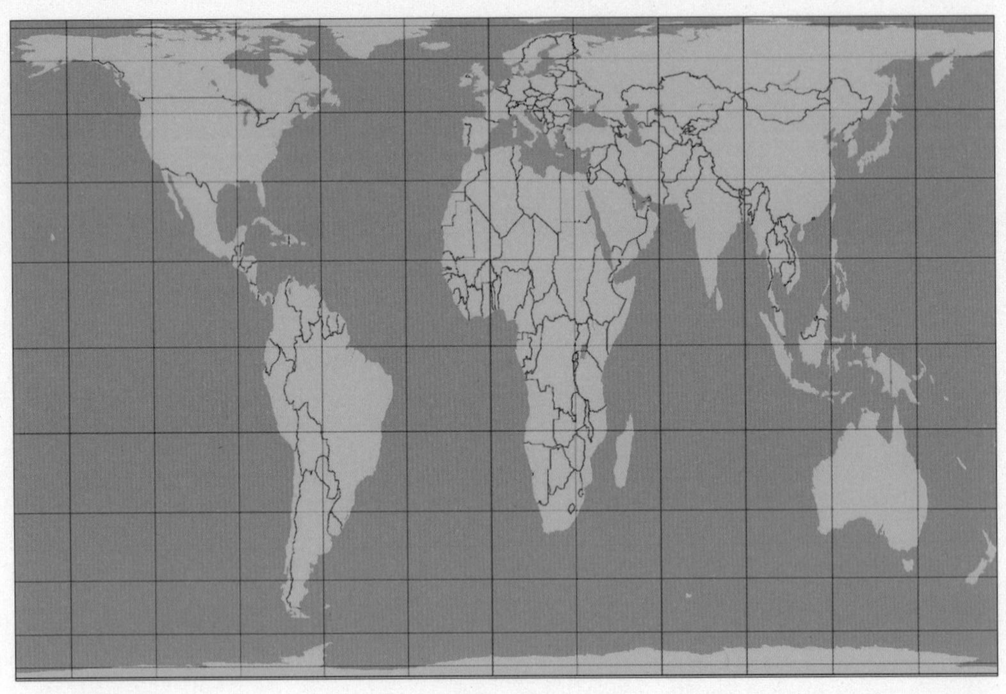
페터스 세계 지도

이처럼 지도는 정치적인 목적으로 이용되는 경우가 많았답니다. 사실 지구와 가장 닮은 표현 도구는 지구본입니다. 따라서 우리는 지구촌 시대를 맞이하여 세계 지도와 지구본을 함께 살펴보면서 세계에 대한 올바른 정보와 느낌을 지니도록 해야 한답니다.

다섯

좌표 활용하기

이 단원에서는 지도의 좌표에 대하여 공부합니다.
그 중에서도 방안 좌표와 지리 좌표에 대하여 배웁니다.
대부분의 지도에는 옅은 가로선과 세로선이 있고
각각의 선에는 고유의 숫자로 좌표가 표시되어 있습니다.
지도에서 좌표를 이용하면 어떤 장소나 사물의 위치를
방위보다 더 정확하게 나타낼 수 있습니다.
또 지도에 있는 정보를 빠르게 찾아낼 수 있습니다.

25 방안 좌표란 무엇일까요?

지도에서는 좌표를 이용하여 사물의 위치를 나타내는데,
방안 좌표는 가로선과 세로선을 그어 생기는 자릿값으로 위치를 표현하는 방식이지요.
그럼, 먼저 방안 좌표를 이용하여 위치를 나타내는 방식부터 살펴볼까요?

연계교과
3학년 2학기 사회 / 1. 우리 지역, 다른 지역 2) 서로 돕는 우리 지역
6학년 2학기 사회 / 2. 이웃 나라의 환경과 생활 모습 1) 우리와 가까운 나라의 모습

1. 자리값 나타내기

여러 개의 가로선과 세로선을 그으면 네모 칸이 만들어지는데, 이를 방안(=모눈)이라고 합니다. 칸마다 글자와 숫자를 차례로 붙여 자릿값을 만들 수 있습니다. 그림을 보고 □ 안에 알맞은 말을 쓰세요.

	가	나	다	라	마
1		★			
2				♣	
3	♥				
4					☺

그림에서 '별'은 '나'라는 글자와 '1'이라는 숫자가 만나는 자리에 있지요? 그래서 별의 위치는 (나, 1)이라는 자릿값으로 나타낼 수 있답니다.

좌표라는 글자에서 '좌(座)'는 자리를 뜻합니다. 가로선과 세로선을 그었을 때 서로 만나는 칸이나 점을 말합니다. 자릿값으로 위치를 나타낼 때는 (글자, 숫자)로 묶어서 나타냅니다. 글자를 앞에, 숫자를 뒤에 놓도록 약속되어 있습니다. 이렇게 자릿값으로 위치를 나타내는 방식을 절대적 위치 표현 방식이라고 합니다. 방위 방식과는 달리 서로 마주하는 대상이 없어도 위치를 표현할 수 있기 때문이지요.

1. '하트'의 자릿값은 무엇일까요? (가, □)
2. '클로버'의 자릿값은 무엇일까요? (□, 2)
3. '얼굴'의 위치는 자릿값으로 어떻게 나타낼 수 있을까요?
   (□, □)

2. 좌표 파악하기

자릿값은 다른 말로 '좌표'라고 합니다. 아래 그림을 바탕으로 여러 동물의 위치를 좌표로 나타내 보세요.

	가	나	다	라	마	바	사	아
1								
2								
3								
4								
5								
6								
7								
8								

① 개 (다, □)
② 눈사람 (나, □)
③ 비행기 (사, □)
④ 고래 (□, □)
⑤ 돼지 (□, □)
⑥ 수박 (□, □)
⑦ 고양이 (□, □)
⑧ 무당벌레 (□, 6)
⑨ 사슴 (□, □)
⑩ 열대어 (□, □)
⑪ 배 (□, □)
⑫ 양 (□, □)
⑬ 나무 (□, □)
⑭ 병아리 (□, □)
⑮ 타조 (□, □)
⑯ 토끼 (□, □)

4. 좌표 익히기

다음의 <좌표>를 <방안 나라>에 색칠하면 어떤 글자가 나타납니다. 어떤 글자일까요?

좌표

(나, 1) (다, 1) (라, 1) (마, 1) (바, 1)
(다, 2) (마, 2) (다, 3) (마, 3)
(나, 4) (다, 4) (라, 4) (마, 4) (바, 4)
(다, 5) (마, 5) (다, 6) (마, 6)
(나, 7) (다, 7) (라, 7) (마, 7) (바, 7)

방안 나라

	가	나	다	라	마	바	사
1							
2							
3							
4							
5							
6							
7							

찾아낸 글자 ☐

26 방안 좌표로 지도에서 위치를 찾아보아요!

지도에서 방안 좌표를 활용하면 사물이나 정보의 위치를 편리하게 찾아볼 수 있습니다.
그래서 사회과부도에 있는 지도에는 모두 방안 좌표가 표시되어 있지요.
방안 좌표를 이용하여 정보의 위치를 찾아볼까요?

연계교과
3학년 2학기 사회 / 1. 우리 지역, 다른 지역 2) 서로 돕는 우리 지역
6학년 2학기 사회 / 2. 이웃 나라의 환경과 생활 모습 1) 우리와 가까운 나라의 모습

1. 정보의 위치 찾기 1

지도에서 좌표로 위치를 찾거나 나타낼 수 있습니다. 알맞은 말을 찾아 ○표 하거나, □ 안에 쓰세요.

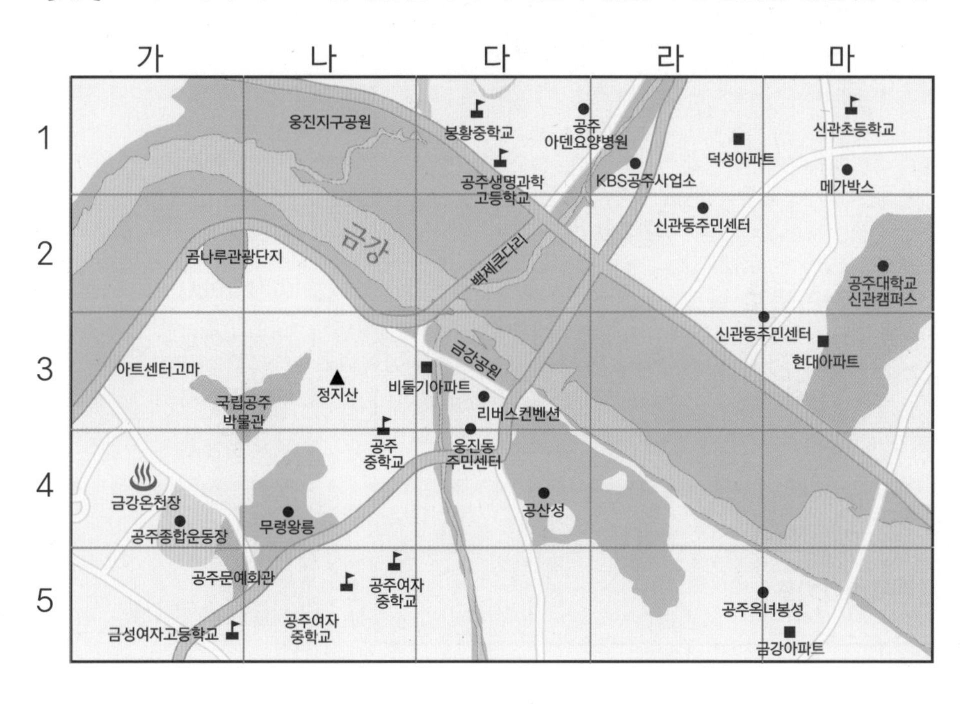

1 '백제큰다리', '신관초등학교', '공산성'이란 글자가 있는 곳의 위치를 좌표로 나타내보세요.
① 백제큰다리 :(다, □) ② 신관초등학교 : (□, 1) ③ 공산성 : (□,□)

2 하늘색의 금강 물줄기가 흘러가는 곳의 자릿값을 모두 찾아 왼쪽부터 적어보세요.
(가, 2), ① (□,□), ② (□,□), ③ (□,□), ④ (□,□), ⑤ (□,□),
⑥ (□,□), ⑦ (□,□), ⑧ (□,□), ⑨ (□,□)

3 어느 고고학자의 조사 결과, 황금으로 만들어진 백제 시대의 왕관이 지도의 (나, 3)에 있는 어떤 산의 꼭대기에 묻혀 있다는 군요. 어디인지 찾아 지도에 직접 ⊗표 하세요.

2. 정보의 위치 찾기 2

지도는 우리나라의 행정 구역을 나타냅니다. 물음에 답하세요.

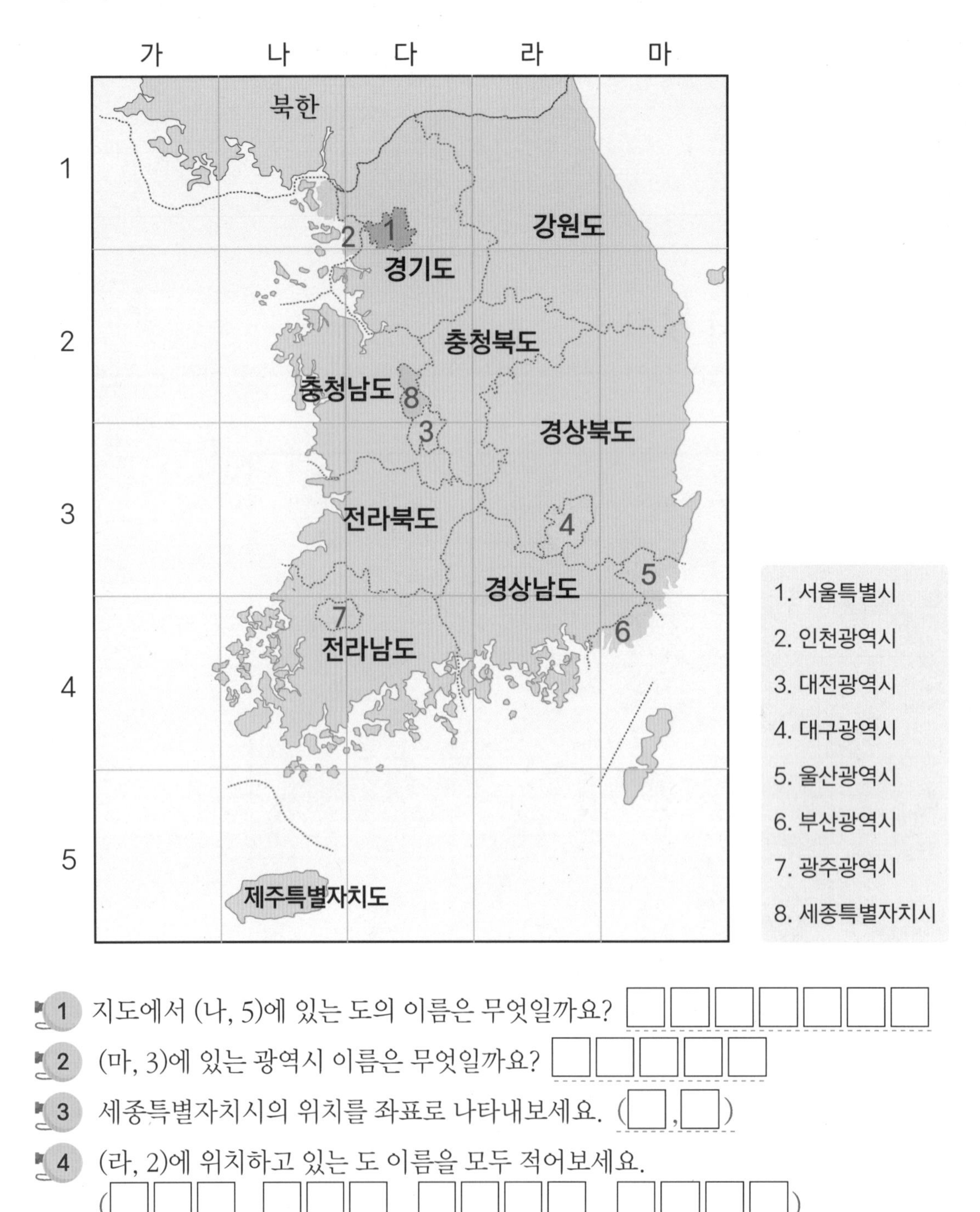

1. 지도에서 (나, 5)에 있는 도의 이름은 무엇일까요? □□□□□□□
2. (마, 3)에 있는 광역시 이름은 무엇일까요? □□□□□
3. 세종특별자치시의 위치를 좌표로 나타내보세요. (□,□)
4. (라, 2)에 위치하고 있는 도 이름을 모두 적어보세요.
   (□□□, □□□, □□□□, □□□□)
5. 충청남도가 걸쳐 있는 좌표를 모두 찾아 쓰세요.
   (□,□). (□,□). (□,□). (□,□)

3. 정보의 위치 찾기 3

지도는 동아시아의 땅 모습을 나타냅니다. 물음에 알맞은 말을 □ 안에 쓰거나, 적절한 곳을 찾아 표시하세요.

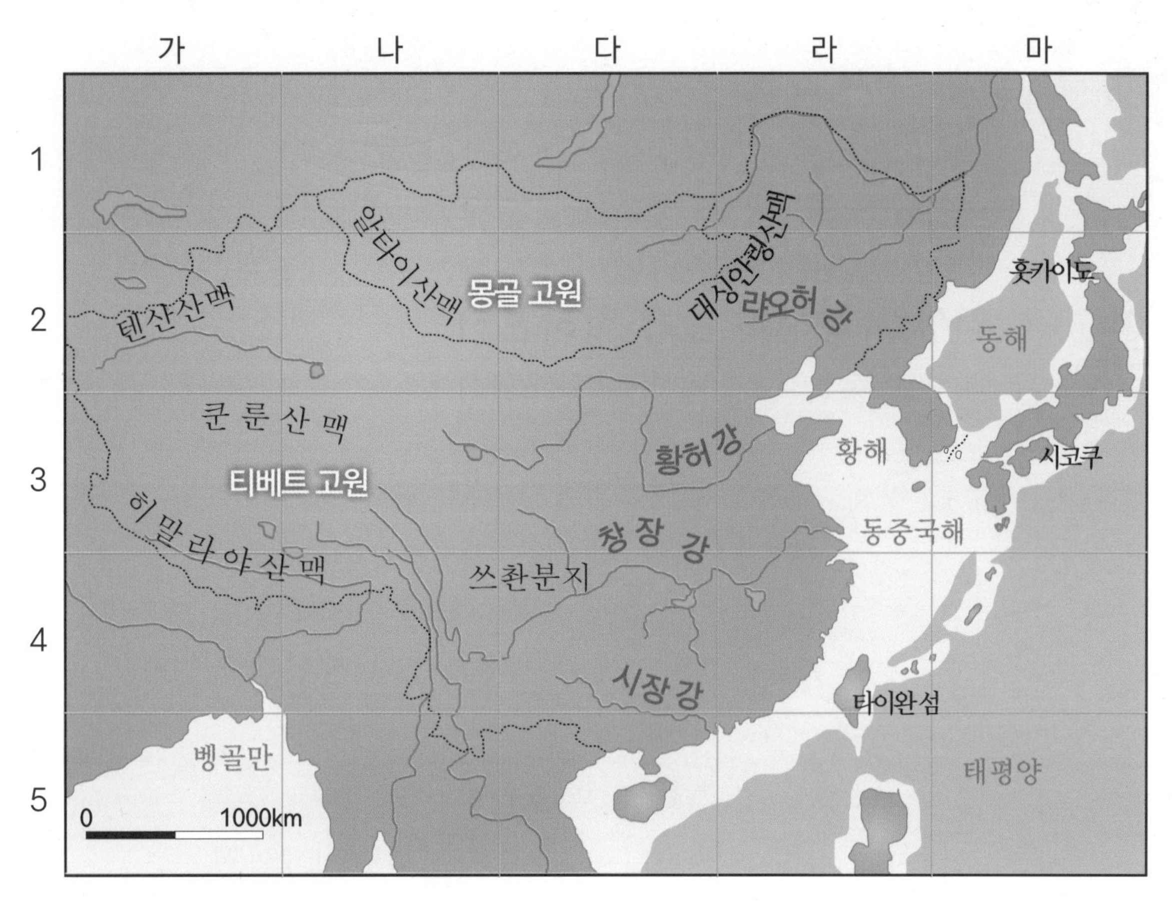

1 이 지도에서 축척 막대는 어디에 있는지 좌표로 적어보세요. (□,□)

2 (가, 3)과 (나, 3) 일대에 펼쳐져 있는 고원의 이름은 무엇일까요? □□□ 고원

3 이 강은 세계 4대 문명 중의 하나가 싹튼 곳입니다. 이 강줄기가 흐르는 곳의 자릿값을 모두 적어보세요.

(□,□). (□,□). (□,□). (□,□)

4 바이칼 호수의 캐비어는 그 맛으로 유명합니다.
이 호수는 (다, 1)에 자리 잡고 있습니다.
그 호수를 찾아 ○표 하세요.

잠깐만요!

세계 4대 문명은 BC 4000~3000년경 큰 강 유역을 중심으로 발생하였는데, 나일 강변의 이집트 문명, 티그리스-유프라테스 강 유역의 메소포타미아 문명, 인도 인더스 강 유역의 인더스 문명, 중국 황허 강 유역의 황허 문명이 있습니다.

27 지리 좌표란 무엇일까요?

지구 전체를 대상으로 체계적이고 정확하게 위치를 표현하는 방식이 있습니다. 지리 좌표 방식이라고 합니다. 지구에 위선과 경선을 그어 위치를 나타내는 방식이지요. 그럼, 먼저 위선과 경선부터 차근차근 알아봅시다.

연계교과

5•6학년 1학기 사회 / 1. 살기 좋은 우리 국토 1) 소중한 우리 국토
6학년 2학기 사회 / 2. 이웃 나라의 환경과 생활 모습 1) 우리와 가까운 나라의 모습
6학년 2학기 사회 / 3. 세계 여러 지역의 자연과 문화 1) 세계 여러 나라의 모습

1. 위선과 경선의 모습 알아보기

물음에 알맞은 말을 찾아 ○표 하거나, □ 안에 쓰세요.

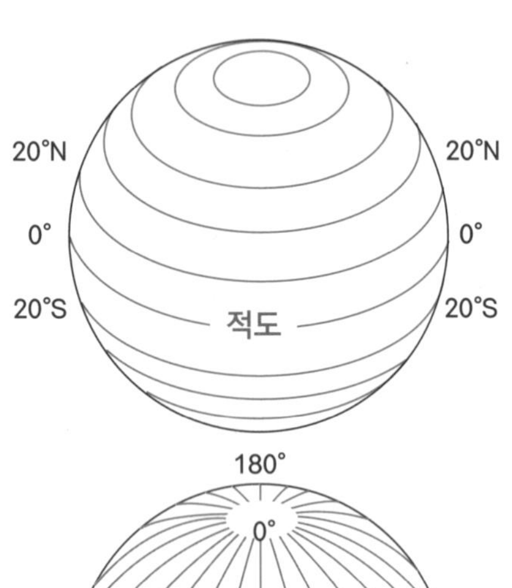

1 위선의 모습입니다.

① 지구에 그은 (가로, 세로) 방향의 선

② □쪽 ↔ 오른쪽으로 이어지는 선

③ □ ↔ 동 방향으로 그어진 선

2 경선의 모습입니다.

① 지구에 그은 (가로, 세로) 방향의 선

② □쪽 ↕ 아래쪽으로 이어지는 선

③ □ ↕ 남 방향으로 그어진 선

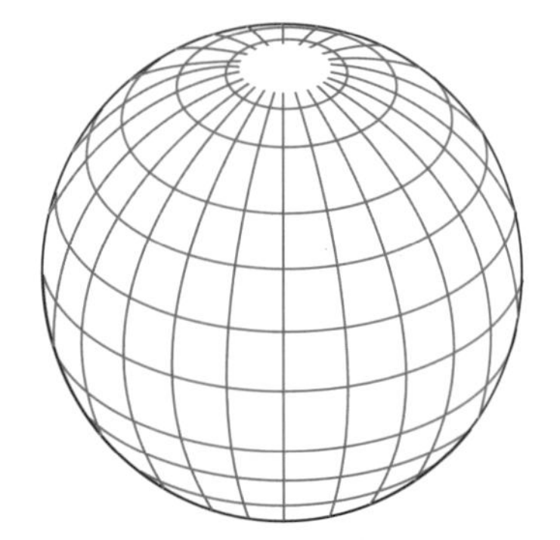

3 위선과 경선이 함께 그려진 모습입니다.

① 빨간 가로 선들은 □선

② 파란 세로 선들은 □선

2. 위선과 경선의 기준 알아보기

위선과 경선이 시작되는 기준은 어디일까요? 물음에 알맞은 말을 찾아 ○표 하거나, □ 안에 쓰세요.

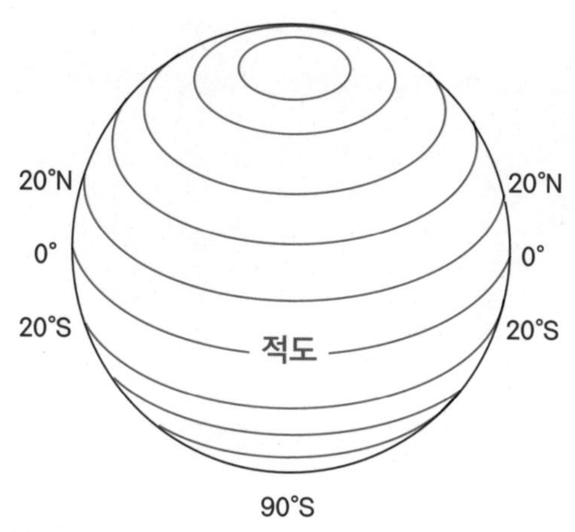

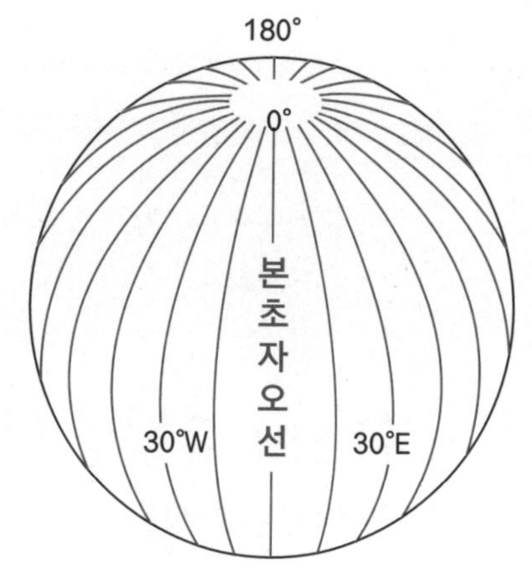

1 위선의 기준입니다.

① 위선은 (적도, 본초자오선)(으)로부터 시작됩니다.

② 위선마다 붙여진 숫자 값을 (위도, 경도)라고 부릅니다. °라는 기호를 쓰고 '도'라고 읽습니다. 최댓값은 90°입니다.

③ 그럼, 적도는 몇 도일까요? □°

2 경선의 기준입니다.

① 경선은 (적도, 본초자오선)(으)로부터 시작됩니다.

② 경선마다 붙여진 숫자 값을 (위도, 경도)라고 부릅니다. °라는 기호를 쓰고 '도'라고 읽습니다. 최댓값은 180°입니다.

③ 그럼, 본초자오선은 몇 도일까요? □°

적도는 북극과 남극으로부터 같은 거리에 있는 지점을 연결한 선입니다. 옛날 중국의 하늘 지도에서 태양이 지나는 길〔道〕을 **빨간색〔赤〕**으로 표시한 것에 비롯된 말입니다. 태양도 붉은색인 데다가 눈에 잘 띄라고 그랬겠지요?
그렇다면 **본초자오선**이란 무엇일까요? 옛날 우리 동양에서는 옆 그림처럼 12지로 시간과 방향을 나타냈습니다. 이때 '자'는 북쪽, '오'는 남쪽을 의미합니다. 그러니 자오선이란 남북을 잇는 세로선을 뜻합니다. '본초'란 맨 처음을 말하지요. 따라서 '본초자오선'이란 맨 처음 시작하는 남북선, 곧 최초 경선이란 뜻이랍니다. 본초자오선은 영국의 그리니치 천문대를 지나는 선으로 정하고 있습니다. (본초자오선에 대한 자세한 이야기는 122쪽을 참조하세요.)

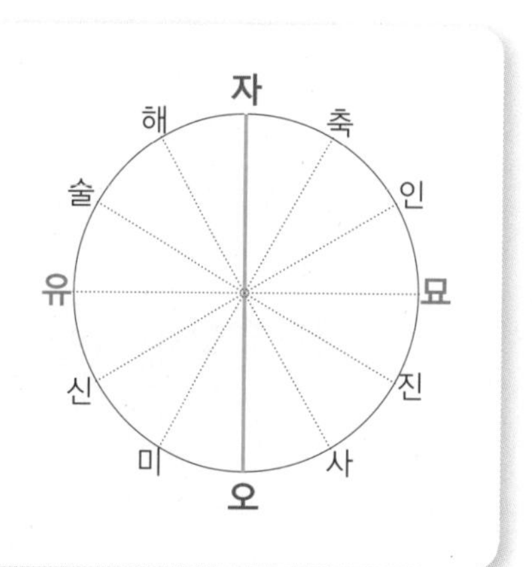

28 위도와 경도에는 일정한 원리가 있어요!

위도는 적도를 기준으로 북쪽이나 남쪽으로 가면서 점점 커집니다. 경도는 본초자오선을 기준으로 서쪽이나 동쪽으로 가면서 점점 커집니다. 위도와 경도는 서로 다른 규칙성을 지니지요. 위도와 경도에 숨어있는 원리를 확인해볼까요?

연계교과

5 • 6학년 1학기 사회 / 1. 살기 좋은 우리 국토 1) 소중한 우리 국토
6학년 2학기 사회 / 2. 이웃 나라의 환경과 생활 모습 1) 우리와 가까운 나라의 모습
6학년 2학기 사회 / 3. 세계 여러 지역의 자연과 문화 1) 세계 여러 나라의 모습

1. 위도의 규칙성 알아보기

위도는 어떤 규칙성을 지니고 있을까요? 그림을 보고 알맞은 말을 찾아 ○표 하거나, □ 안에 쓰세요.

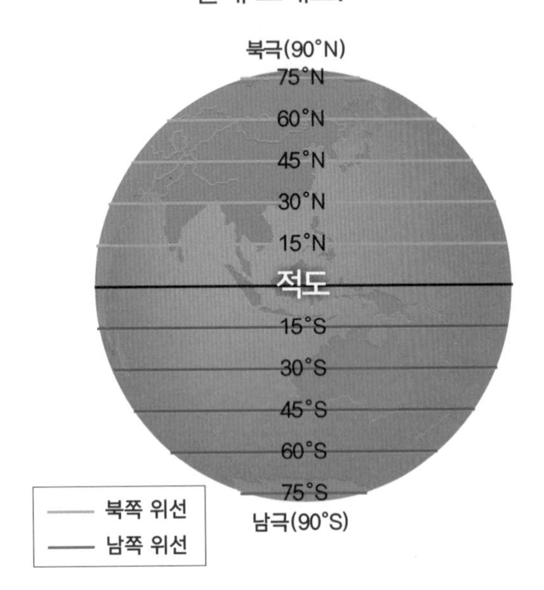

1 위도는 적도를 기준으로 북극과 남극 방향으로 갈수록 점점 (커, 작아)집니다.

2 °N라는 표시는 적도를 중심으로 (북쪽, 남쪽)의 위도, °S는 (북쪽, 남쪽)의 위도를 나타냅니다.

3 '15°N'은 '북위 15도'라고 읽습니다. 적도 북쪽의 15번째 위선 값이란 뜻입니다. 그러면 30°S는 어떻게 읽을까요? □위 30□

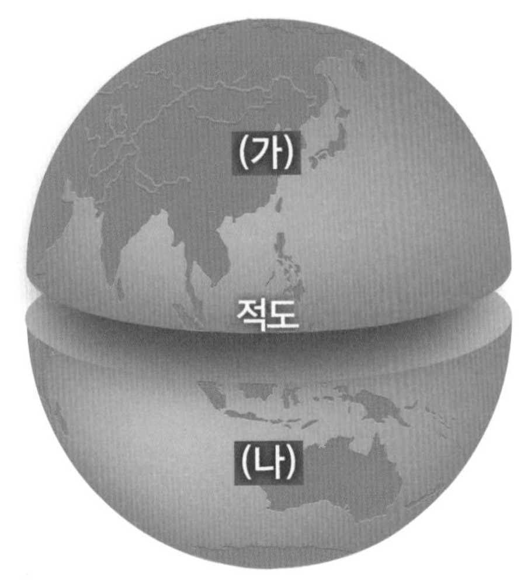

4 적도 북쪽의 반쪽 지구를 '북반구'라고 합니다. 그러면 적도 남쪽의 반쪽 지구는 무엇이라 말할까요?

□□□

5 옆 그림의 (가), (나) 중에서 어느 것이 북반구일까요? □

2. 경도의 규칙성 알아보기

경도는 어떤 규칙성을 지니고 있을까요? 그림을 보고 물음에 알맞은 말을 찾아 ○표 하거나, □ 안에 쓰세요.

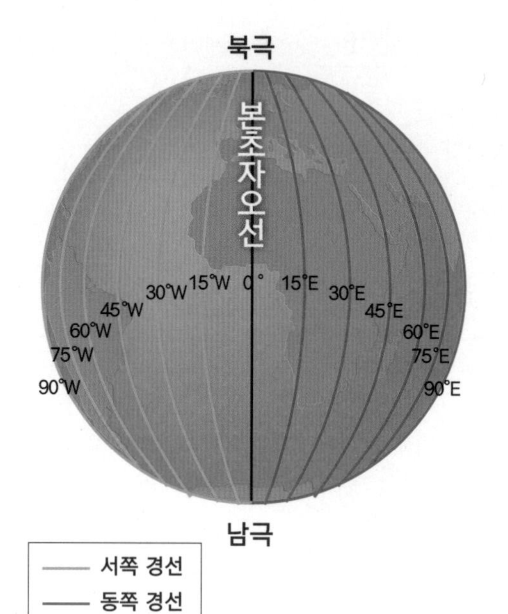

1 경도는 본초자오선을 중심으로 서쪽과 동쪽 방향으로 갈수록 점점 (커, 작아)집니다.

2 °W라는 표시는 본초자오선을 중심으로 (서쪽, 동쪽)의 경도, °E는 (서쪽, 동쪽)의 경도를 나타냅니다.

3 '15°W'는 '서경 15도'라고 읽습니다. 본초자오선 서쪽 15번째 경선 값이란 뜻입니다. 그러면 30°E는 어떻게 읽을까요?

□경 30□

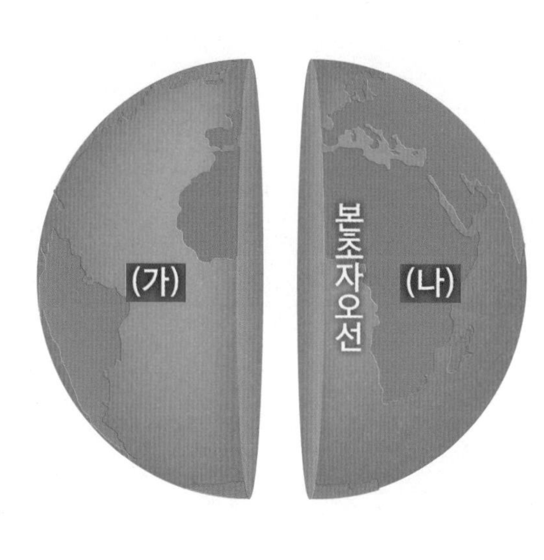

4 본초자오선 서쪽의 반쪽 지구를 '서반구'라고 합니다. 그러면 본초자오선 동쪽의 반쪽 지구는 무엇이라 말할까요?

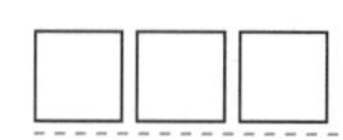

5 옆 그림의 (가), (나) 중에서 어느 것이 동반구일까요? □

3. 세계 지도에서 위도와 경도 찾아보기

(가) 지도의 ①~⑦에 알맞은 위도나 경도를 (나) 표를 참고하여 쓰세요.

(가) 세계지도

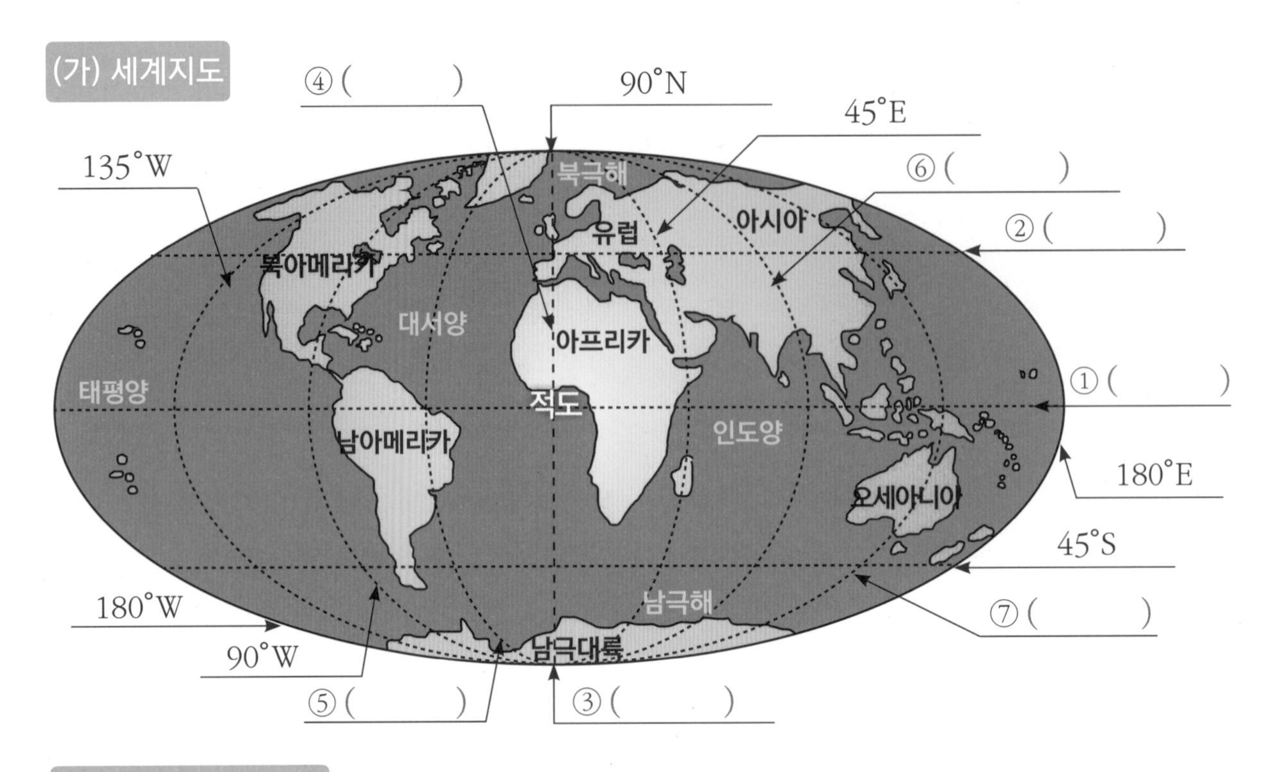

(나) 위도표와 경도표

180°W	135°W	90°W	45°W	90°N 45°N 0° 45°S 90°S	45°E	90°E	135°E	180°E

1 다음의 위도와 경도를 읽어보세요.

① 135°E : ______________

② 45°S : ______________

③ 90°W : ______________

4. 위도와 경도의 원리 정리하기

그림을 보고 물음에 알맞은 말을 찾아 ○표 하거나, □ 안에 쓰세요.

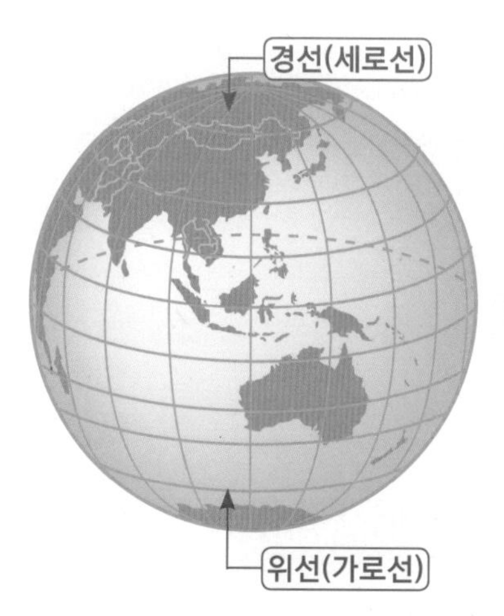

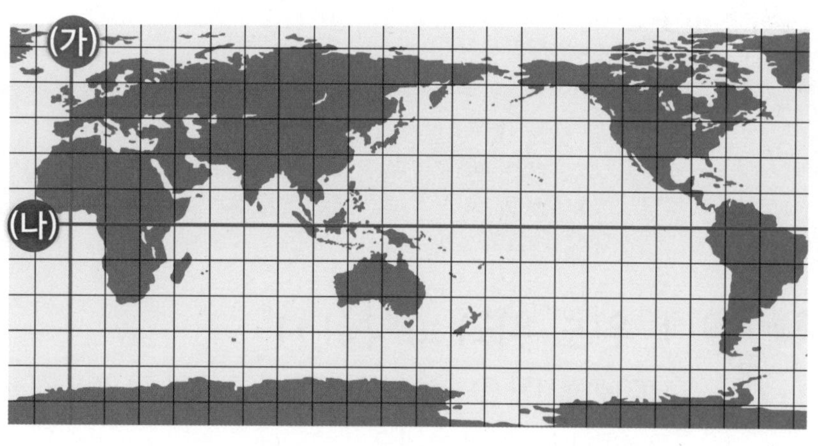

위의 왼쪽 그림처럼 위선과 경선이 그어진 지구를 펼치면 오른쪽 그림과 같은 세계 지도가 됩니다.

1 지도에서 (가)선은 (위선, 경선)의 기준이 됩니다. 이것을 □□□□선이라 하는데, 그 값은 □° 입니다. 경선마다 붙여진 값을 (위도, 경도)라고 합니다.

2 지도에서 (나)선은 (위선, 경선)의 기준이 됩니다. 이것을 □도라고 하는데, 그 값은 □° 입니다. 위선마다 붙여진 값을 (위도, 경도)라고 합니다.

3 다음 그림을 잘 관찰해봅시다. 우리나라는 어느 반구에 위치할까요?

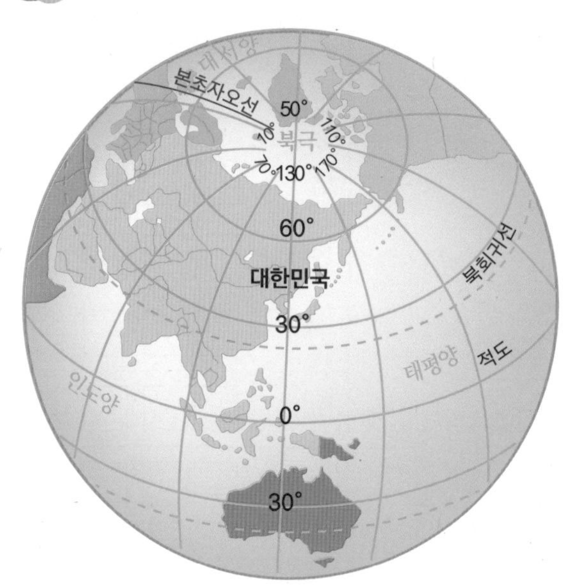

① (북반구, 남반구)

② (서반구, 동반구)

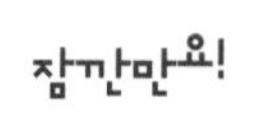

① 적도를 기준으로 우리나라가 위치한 곳이 북쪽인지 남쪽인지 살펴보세요.
② 본초자오선을 기준으로 우리나라가 위치한 곳이 동쪽인지 서쪽인지 살펴보세요.

29 지구에서 특정 지점의 위도와 경도 위치를 찾아보아요!

위도와 경도를 이용하면 지구의 어떤 곳이라도 그 위치를 정확하게 나타낼 수 있습니다. 질서와 규칙이 있는 짜임새 때문이지요. 그럼, 지구 전체 크기에서 어떤 지점의 위도 및 경도 위치를 파악해볼까요?

연계교과

5 • 6학년 1학기 사회 / 1. 살기 좋은 우리 국토 1) 소중한 우리 국토
6학년 2학기 사회 / 2. 이웃 나라의 환경과 생활 모습 1) 우리와 가까운 나라의 모습
6학년 2학기 사회 / 3. 세계 여러 지역의 자연과 문화 1) 세계 여러 나라의 모습

1. 위도 위치 파악하기

그림에 표시된 ①~⑫ 지점의 위도 위치를 □ 안에 정확히 쓰세요. '북(남)위 OO°'라고 소리 내어 읽어 보세요.

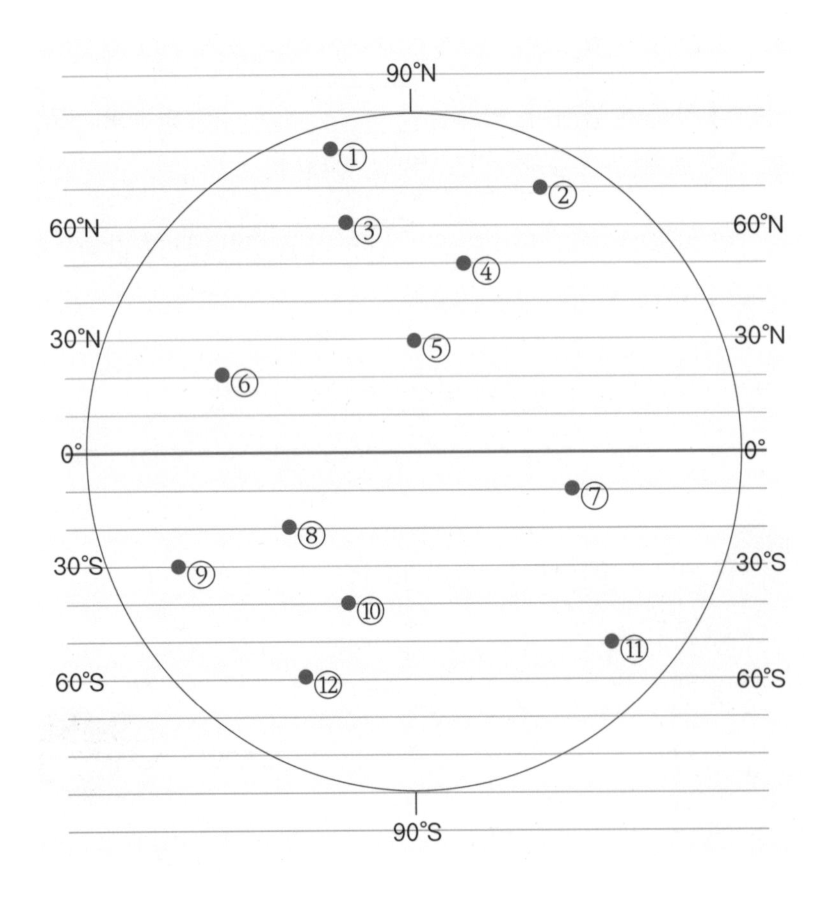

①	80°N
②	□□°□
③	□□°□
④	□□°□
⑤	□□°□
⑥	□□°□
⑦	10°S
⑧	□□°□
⑨	□□°□
⑩	□□°□
⑪	□□°□
⑫	□□°□

2. 경도 위치 파악하기

그림에 표시된 ①~⑪ 지점의 경도 위치를 □ 안에 정확히 쓰세요. 그리고 '동(서)경 ○○°'라고 소리 내어 읽어보세요.

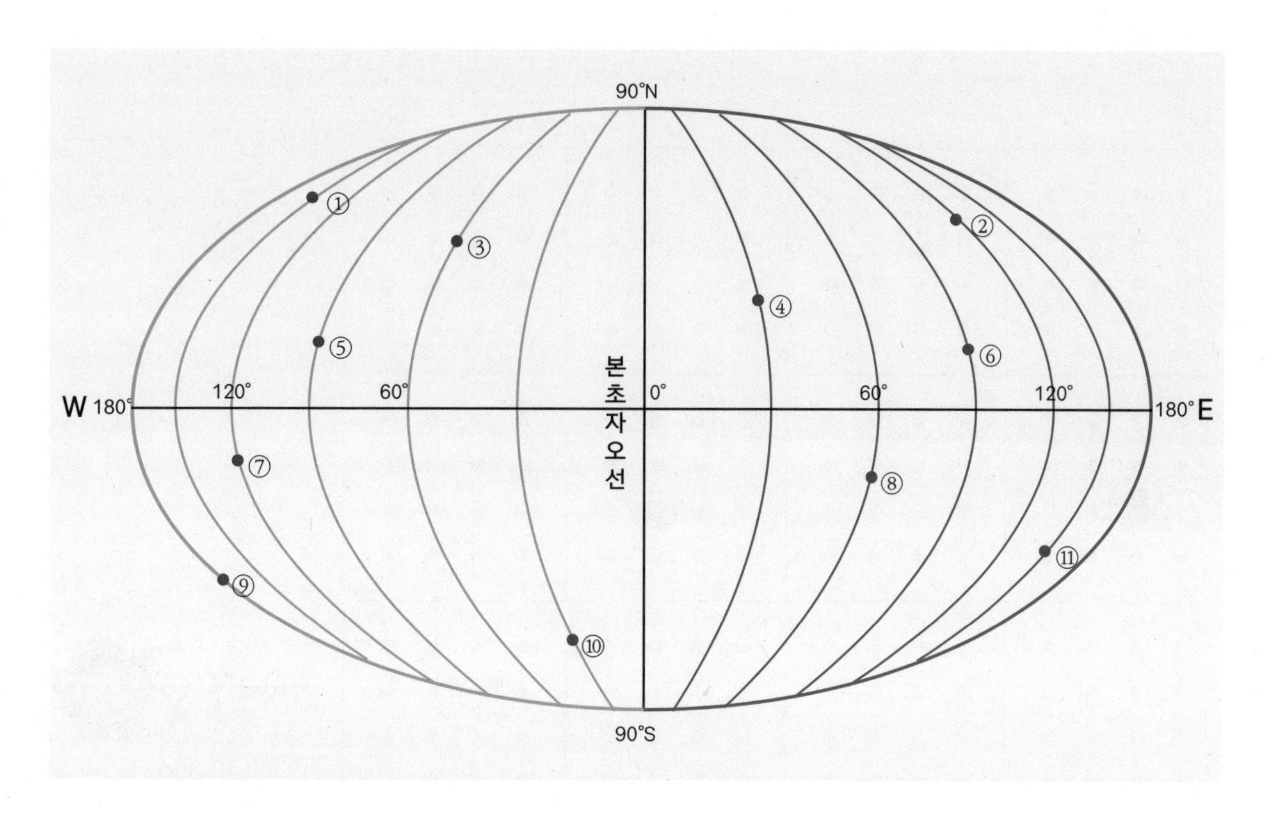

①	150°W
②	□□□°□
③	□□°□
④	30°E
⑤	□□°□
⑥	□□°□

⑦	□□□°□
⑧	□□°□
⑨	□□□°□
⑩	□□°□
⑪	□□□°□

3. 위도와 경도 위치 파악하기

글을 읽고 그림에 나타난 괴물체의 위치를 위도와 경도로 정리해 봅시다.

지구 수비대가 우주에서 떨어진 괴물체를 포획하려고 합니다. 여러분은 현재 인공위성으로 아래 각 지점에 있는 4개 괴물체의 정확한 위치를 파악하여 지구 수비대에 연락해야 합니다.

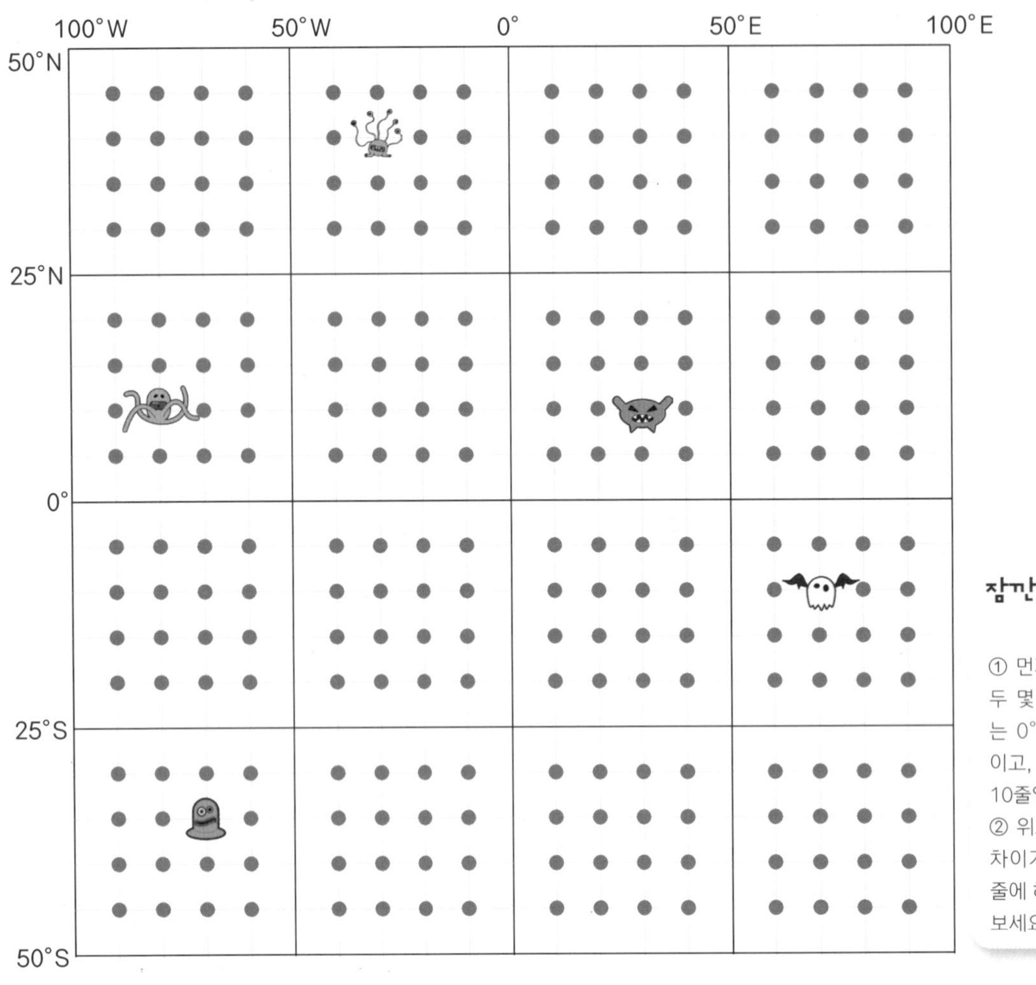

① 먼저 위도와 경도의 줄이 모두 몇 줄인지 살펴보세요. 위도는 0°부터 50°까지 모두 10줄이고, 경도는 0°부터 100°까지 10줄입니다.
② 위도와 경도의 줄이 몇 도씩 차이가 나는지 생각해보고, 각 줄에 해당하는 위도와 경도를 써 보세요.

괴물체	위도	경도
	① 40° □	② □□°W
	③ □□°□	④ □□°□
	⑤ □□°S	⑥ □□°E
	⑦ □□°□	⑧ □□°□
	⑨ □□°□	⑩ □□°□

30 지리 좌표로 지구상 위치를 정확히 나타낼 수 있어요!

지리 좌표란 위도와 경도로 위치를 나타내는 방식입니다. 지구상 어떤 사물이나 현상이라도 다른 것과 관계 짓지 않고 그 위치를 정확하게 나타낼 수 있습니다. 그럼, 지리 좌표가 활용되는 몇 가지 사례를 살펴봅시다.

연계교과

5 • 6학년 1학기 사회 / 1. 살기 좋은 우리 국토 1) 소중한 우리 국토

6학년 2학기 사회 / 2. 이웃 나라의 환경과 생활 모습 1) 우리와 가까운 나라의 모습

6학년 2학기 사회 / 3. 세계 여러 지역의 자연과 문화 1) 세계 여러 나라의 모습

1. 지리 좌표로 장소의 위치 파악하기

위도와 경도로 나타낸 우리나라 지도입니다. 물음에 알맞은 답을 □ 안에 쓰거나, 적절한 곳에 표시하세요.

125°E 127°E 129°E 131°E
42°N
40°N
38°N
36°N
34°N
백두산
길주
묘향산
평양
해주
서울
소양호
독도
수안보
어청도
미륵사지
무등산
양산
우도

1 해주와 거의 같은 위도에 걸쳐 있는 호수의 이름은 무엇인가요? □□□

2 서울과 거의 같은 경도에 걸쳐 있는 섬의 이름은 무엇일까요? □□

3 다음 장소의 위도는 대략 얼마일까요?

① 묘향산: □□°N

② 평　양: □□°□

4 다음 장소의 경도는 대략 얼마일까요?

① 서울: □□□°E

② 독도: □□□°□

5 지리 좌표 (36°N, 127°E)에 위치하고 있는 유적지는 무엇일까요?

□□□□

6 백두산의 위치를 지리 좌표로 정확히 나타내 보세요. (□□°□, □□□°□)

7 운석이 지리 좌표(39°N, 127°E)에 떨어졌습니다. 어디인지 지도에 ●표 하세요.

2. 지리 좌표로 태풍 이동 경로 파악하기

자료 (가), (나)를 바탕으로 물음에 알맞은 답을 □ 안에 쓰거나, 적절한 곳에 표시하세요.

(가) 태풍 '나비'의 위치 및 풍속 변화

시간	태풍 중심의 지리 좌표	최대 풍속(m/s)
① 8월 29일 저녁 9시	(15°N, 152°E)	21
② 30일 오후 3시	(15°N, 150°E)	28
③ 31일 오후 3시	(16°N, 145°E)	43
④ 9월 1일 오후 3시	(18°N, 141°E)	46
⑤ 2일 오전 9시	(19°N, 138°E)	48
⑥ 3일 오전 9시	(21°N, 137°E)	46

시간	태풍 중심의 지리 좌표	최대 풍속(m/s)
⑦ 4일 오후 3시	(26°N, 132°E)	43
⑧ 5일 오후 3시	(29°N, 131°E)	43
⑨ 6일 오후 3시	(33°N, 131°E)	37
⑩ 7일 오후 3시	(39°N, 136°E)	26
⑪ 8일 오후 3시	(47°N, 148°E)	소멸

(나) 태풍의 이동 경로 지도

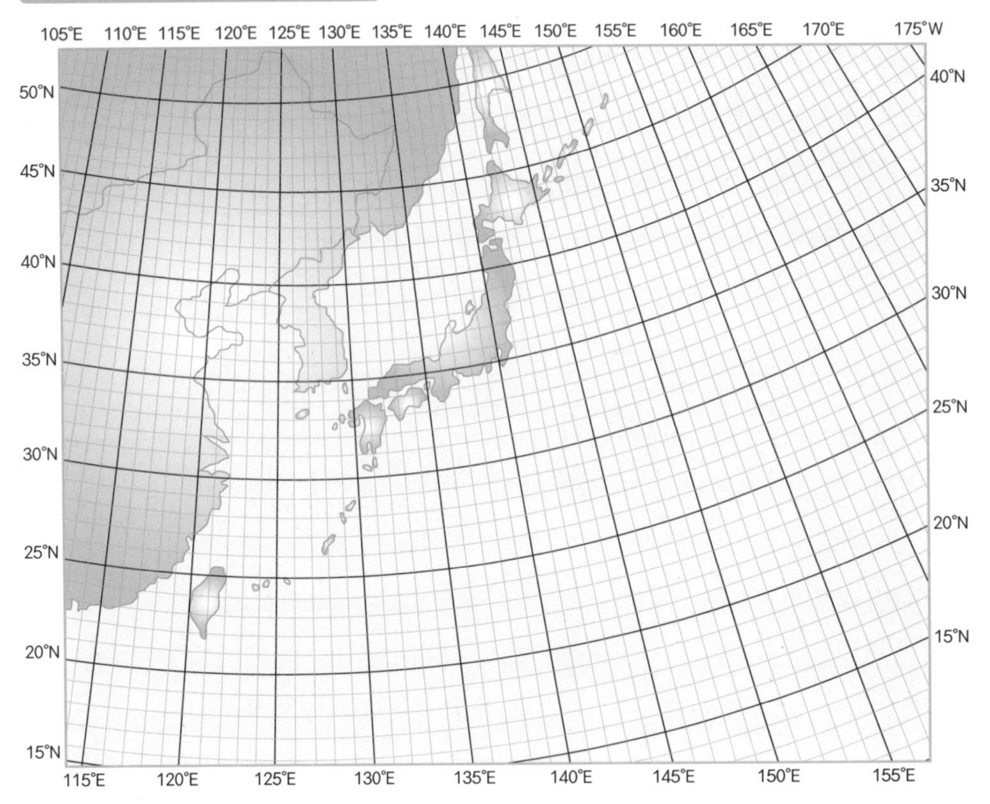

1 (가)의 지리 좌표를 참고하여 시간에 따른 태풍 '나비'의 이동 경로를 (나)에 순서대로 표시( ) 하세요.

2 태풍 '나비'는 언제 일본 땅에 도착했나요? □월 □일 오□ □시

3 지리 좌표 (33°N, 131°E)에 있었던 태풍은 그 이후에 어느 방향으로 이동하였나요?

북□ 방향

3. 지리 좌표로 지진 발생 위치 파악하기

(가) 표를 바탕으로 (나) 지도에 점으로 위치를 대략 표시한 후에 선으로 이어보세요.

(가) 세계적인 대지진의 진앙지와 진도

진앙지의 지리 좌표	발생 국가	진도	진앙지의 지리 좌표	발생 국가	진도
(18°N, 103°W)	멕시코	8.1	(8°S, 122°E)	인도네시아	7.5
(14°N, 89°W)	엘살바도르	5.4	(18°N, 76°E)	인도	6.2
(0°, 78°W)	콜롬비아 - 에콰도르	6.9	(34°N, 135°E)	일본	7.2
(4°S, 76°W)	콜롬비아	5.8	(53°N, 143°E)	러시아	7.5
(27°N, 87°E)	네팔 - 인도	6.6	(34°N, 69°E)	이란-아프가니스탄	7.3
(41°N, 44°E)	아르메니아	6.8	(37°N, 70°E)	아프가니스탄-타지키스탄	6.1
(37°N, 49°E)	이란	7.7	(3°S, 142°E)	파푸아뉴기니	7.1
(16°N, 121°E)	필리핀	7.8	(41°N, 30°E)	터키	7.4
(31°N, 79°E)	인도	7.0	(24°N, 121°E)	터키	7.6

(나) 세계적인 대지진의 진앙지 분포

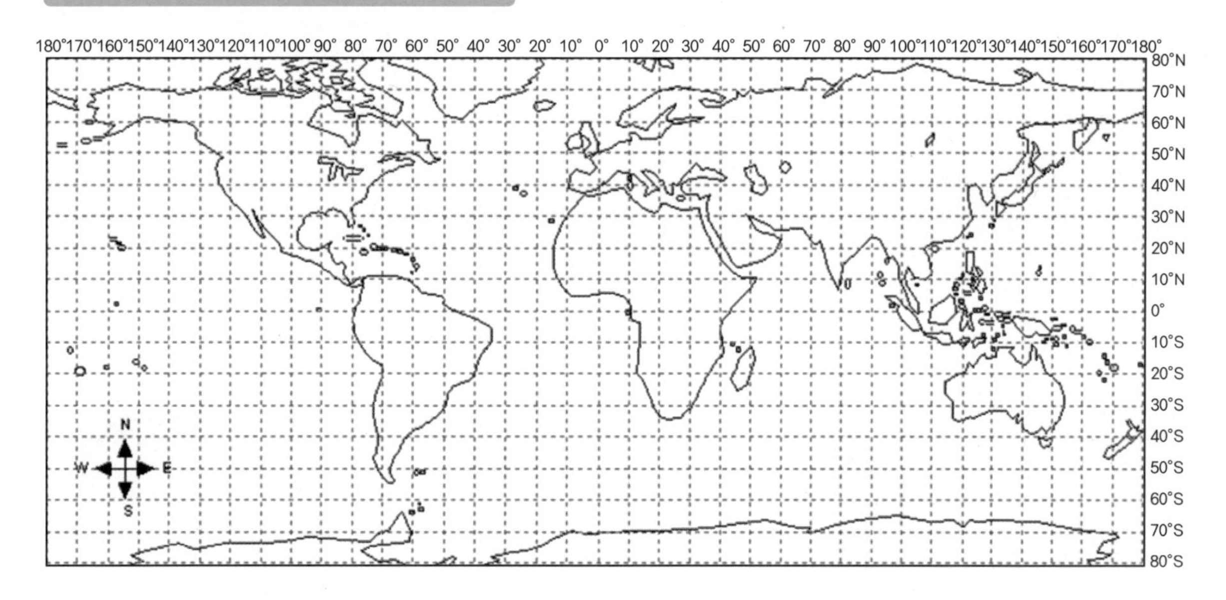

4. 지리 좌표를 활용하여 대륙 모습 그리기

표 (가)에 있는 각 지점의 위도와 경도를 (나)그림에 표시한 다음에 순서대로 이으면 어떤 대륙의 모습이 나타납니다. 그 대륙의 이름을 □ 안에 쓰세요.

(가) 어느 대륙의 모서리 지리 좌표

지점	위도	경도	지점	위도	경도
1	36°N	6°W	14	30°S	31°E
2	37°N	11°E	15	34°S	26°E
3	33°N	13°E	16	34°S	18°E
4	30°N	19°E	17	24°S	12°E
5	33°N	22°E	18	9°S	13°E
6	31°N	32°E	19	1°N	9°E
7	12°N	43°E	20	4°N	10°E
8	12°S	51°E	21	6°N	3°E
9	4°N	48°E	22	5°N	4°W
10	7°S	39°E	23	8°N	13°W
11	15°S	41°E	24	15°N	17°W
12	20°S	35°E	25	21°N	17°W
13	24°S	35°E			

(나)

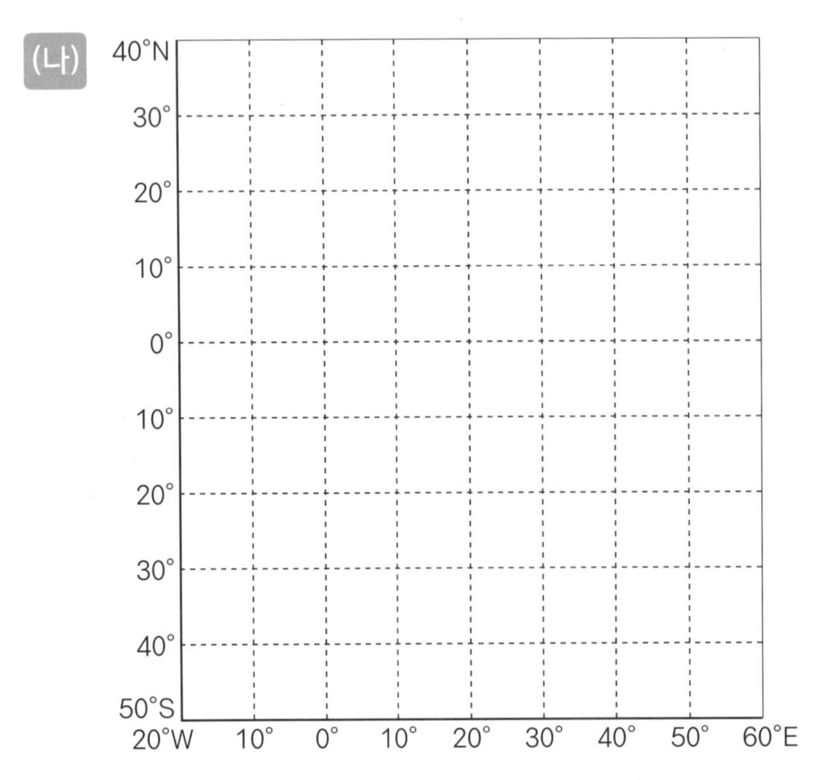

대륙 이름 : □□□□

잠깐만요!

세계지도를 보고 어떤 대륙의 모습과 가장 비슷한지 확인해보세요. 지구의 대륙은 모두 6개로 '아시아, 유럽, 아프리카, 북아메리카, 남아메리카, 오세아니아'가 있습니다.

지금까지 배운 내용을 정리해봅시다!

아래 그림을 바탕으로 〈보기〉에서 알맞은 말을 찾아 □ 안에 쓰세요.

보기

- **위치** | 땅위의 자리
- **방위** | 동, 서, 남, 북 등 방향의 위치
- **좌표** | 가상의 가로선과 세로선을 그어 만든 자리표
- **위선** | 지구상에 그려진 가상의 가로선
- **위도** | 위선에 붙여진 수치
- **경선** | 지구상에 그려진 가상의 세로선
- **경도** | 경선에 붙여진 수치
- **적도** | 위선의 기준으로서 지구의 양극에서 같은 거리에 있는 점을 이은 가로선
- **본초자오선** | 경선의 기준으로서 영국의 그리니치 천문대를 지나 양극으로 이어지는 세로선

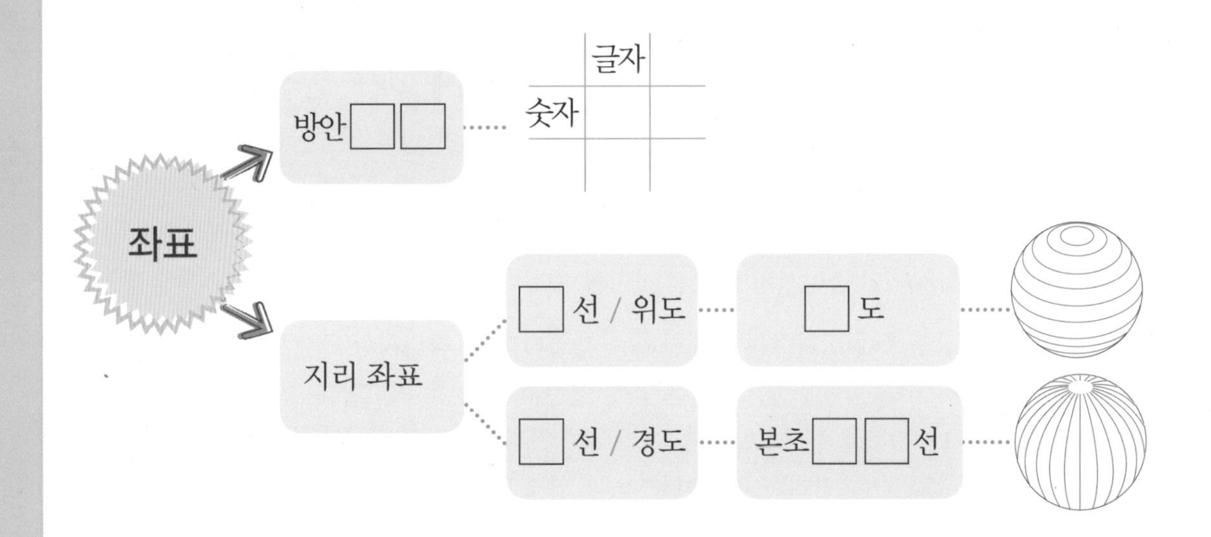

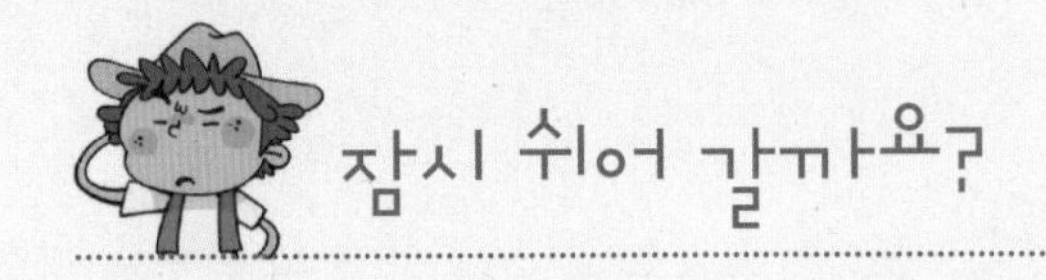

영국의 그리니치(Greenwich) 천문대가 왜 본초자오선의 기준이 되었을까요?

영국 런던의 그리니치 왕립천문대 안에 있었던 커다란 천체망원경 자리를 본초자오선으로 삼기 시작한 것은 1884년의 일입니다. 망원경은 제7대 천문대장 조지 에어리가 1850년에 설치하였습니다. 그 망원경의 접안렌즈에 있는 십자선(+)이 정확히 경도 0°랍니다. 그렇지만 지구의 지각판은 항상 조금씩 움직이기 때문에 본초자오선도 마찬가지로 조금씩 움직이고 있긴 하지요.

1884년 이전에는 시간을 정하는 기준선을 나라마다 따로 정하여 쓰고 있었습니다. 시간을 어떻게 재야하는지, 하루의 처음과 끝이 언제인지, 혹은 한 시간의 길이를 얼마로 해야 할지를 정하는 아무런 협정도 없었습니다. 그러나 1850-60년대에 이르러 철도망과 통신망이 전 세계로 널리 퍼지면서 나라 사이에 함께 쓰일 수 있는 국제 시간을 정할 필요가 생겨났습니다.

그리니치 천문대

이에 따라 1884년에 25개 나라 41명의 대표가 미국 워싱턴에 모여 시간의 기준선을 잡기 위한 국제자오선회의를 열었습니다. 이 회의에서 영국의 그리니치 자오선을 세계의 본초자오선으로 정하자는 안건에 대하여 찬성 22, 반대 1, 기권 2(프랑스와 브라질)로 결정되었던 것입니다. 당시에 그런 결정이 이루어진 주된 이유는 두 가지였습니다.

하나는 회의를 주최한 미국이 이미 벌써부터 그리니치 천문대를 자기 나라의 시간대를 정하는 기준으로 삼아 쓰고 있었다는 사실입니다. 다른 하나는 19세기 말에 세계 무역의 72%가 그리니치를 본초자오선으로 삼고 있었던 해도(海圖 : 바다 지도)에 의존하여 이루어지고 있었다는 점이지요. 이런 이유로 그리니치 천문대를 경도 0°로 잡아 쓴다면 가장 많은 사람들에게 편리할 것이라는 주장이 힘을 얻었던 것입니다. 그래서 영국의 그리니치 본초자오선은 세계 시간의 중심이 되었고, 이는 새로운 시대의 시작을 알리는 상징적인 출발선이 되었던 것이랍니다.

그리니치는 영국 런던 남동쪽에 위치하는 자치구의 이름입니다. 그리니치란 풀밭을 뜻하는 'green'과 작은 만을 뜻하는 'wich'가 합쳐진 말로 '작은 만에 있는 목초지'를 의미합니다. 실제로 그리니치는 굽이치는 템스 강가 남쪽 동산에 위치합니다. 그리니치 천문대는 1675년부터 지어지기 시작하여 1685년에 완성된 유서 깊은 건물입니다. 1937년부터는 영국의 국립해양박물관으로 지정되어 현재는 박물관으로 쓰이고 있지요. 1997년에 유네스코 세계 유산으로 지정되었답니다.

그리니치 공원 일대

마무리 활동

캐리비언 보물섬 지도 읽기

이제 재미있는 보물섬 이야기와 함께
지도 학습을 마무리합니다.
바로 캐리비언 해적 블랙 눈 잭의 이야기!
지금까지 배운 내용을 모두 활용하여 풀어봅시다.

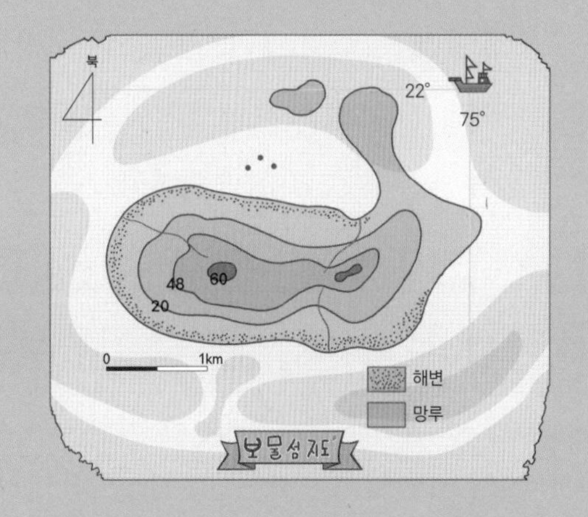

<해적 블랙 잭과 보물섬 이야기>

카리브 연안에서 한때 유명했던 해적 '블랙 잭(Black Jack)'에 대하여 다음과 같은 이야기가 전해옵니다. 블랙 잭과 그 일당의 배가 1643년 여름 바하마 제도의 어느 섬에서 난파당합니다.

"… 우리는 파도에 떠 밀려와 섬 ①북쪽 해변에 널브러졌다. 바로 앞에 돌섬 세 개가 보였다. 동쪽으로 약 1km를 비틀대며 걷다가 운 좋게도 만으로 흘러드는 작은 강물을 만났다. 최고의 물맛이었다. 일단 동쪽 강가에 ②야영지를 잡고 텐트를 쳤다.

우리는 지나가는 배를 발견하기 위해 먼 곳까지 볼 수 있는 건물인 망루가 필요했다. 이튿날 강 상류로 거슬러 올라가 강물이 시작되는 곳에서 동쪽으로 이동하여 산 꼭대기로 올라갔다. 거기에다 섬 주변을 살필 수 있는 ③망루를 설치하고 '월터'에게 그 일을 맡겼다.

어느 날, 우리는 먹을거리를 찾아 이곳저곳을 헤매다가 다 쓰러져가는 ④오두막 한 채를 발견하였다. 오두막은 섬 남쪽을 흐르는 작은 강 서쪽에 있는 바다와 만나는 곳에 있었다. 어림짐작으로 우리 야영지로부터 직선으로 대략 1.5㎞ 정도의 거리에 있었다. 오두막 근처에는 무덤 두 개가 있었고, 집안에는 해골 세 개가 나뒹굴고 있었다. 거기서 우리는 양피지에 그려진 낡은 지도를 찾아냈다. 우리는 지도를 보면서 남쪽 강 상류로 거슬러 올라갔다. 강 상류의 정확히 20m 높이 지점에서 우리는 ⑤그것을 발견하였다. 바로 우리가 꿈꾸어 왔던 황금 더미를! 생각했던 것보다 훨씬 많은 양이었다!

그때였다. 망루를 지키던 월터가 멀리서 배 한척이 다가오는 것을 발견하고 소리쳤다. 우리는 연기를 피워 신호를 보냈다. 그리고 대강 꾸려진 금자루를 끌고 섬의 가장 ⑥동쪽 지점으로 내달렸다. … 그리고 드디어 트라이던트 호에서 온 20명의 선원 품에 안기게 되었다. …"

여기에 캐리비언 해적의 주요 무대였던 카리브 해 일대의 지도, 해적 블랙 눈 잭과 보물섬 이야기, 그리고 보물섬 지도가 있습니다. 물음에 알맞은 답을 찾아 표시하거나, □ 안에 쓰세요.

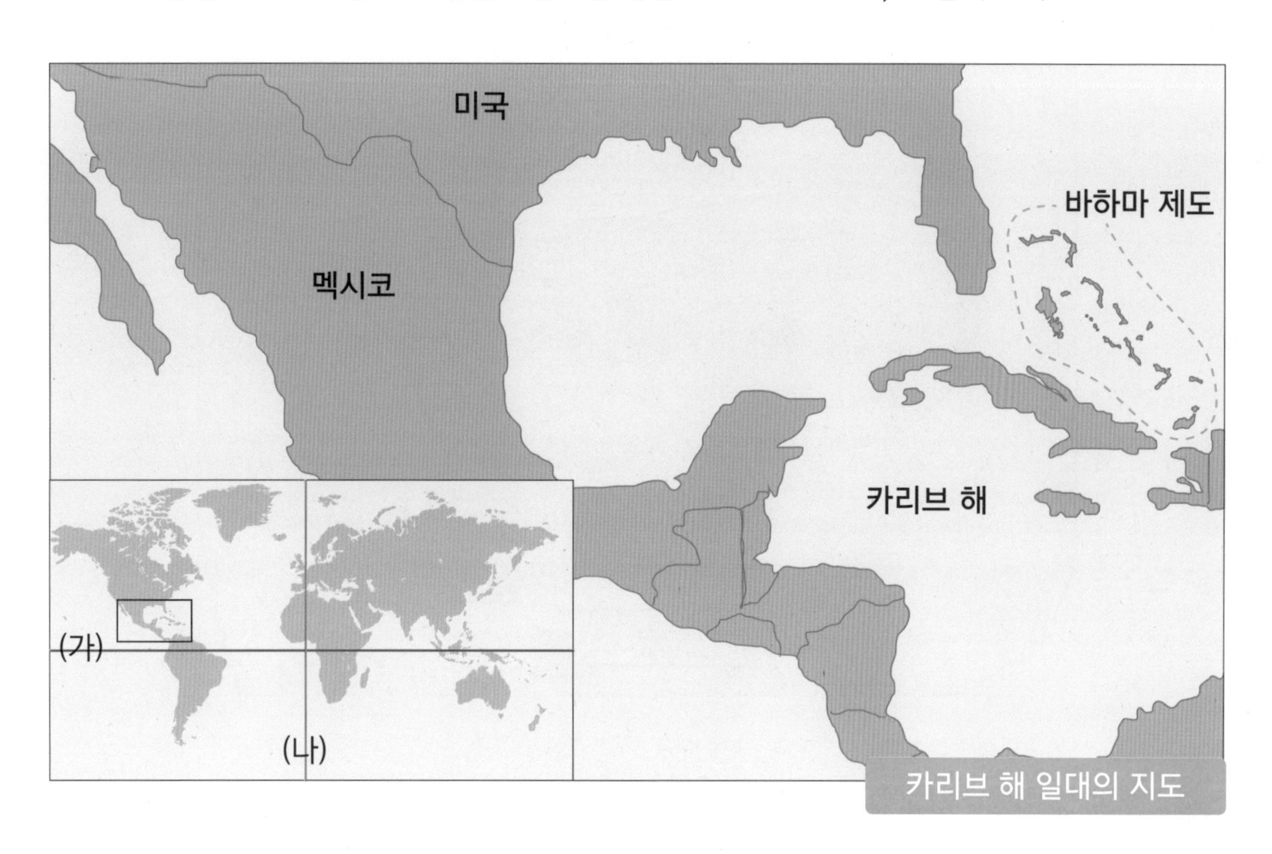

카리브 해 일대의 지도

1 바하마 제도는 미국에서 볼 때, 어느 방향에 있나요? □□쪽

2 지도에서 (가), (나)선은 각각 무엇일까요?

(가)	□□
(나)	□□□□선

3 지도에서 (점선 표시)로 묶인 여러 섬의 이름은 무엇일까요? □□□제도

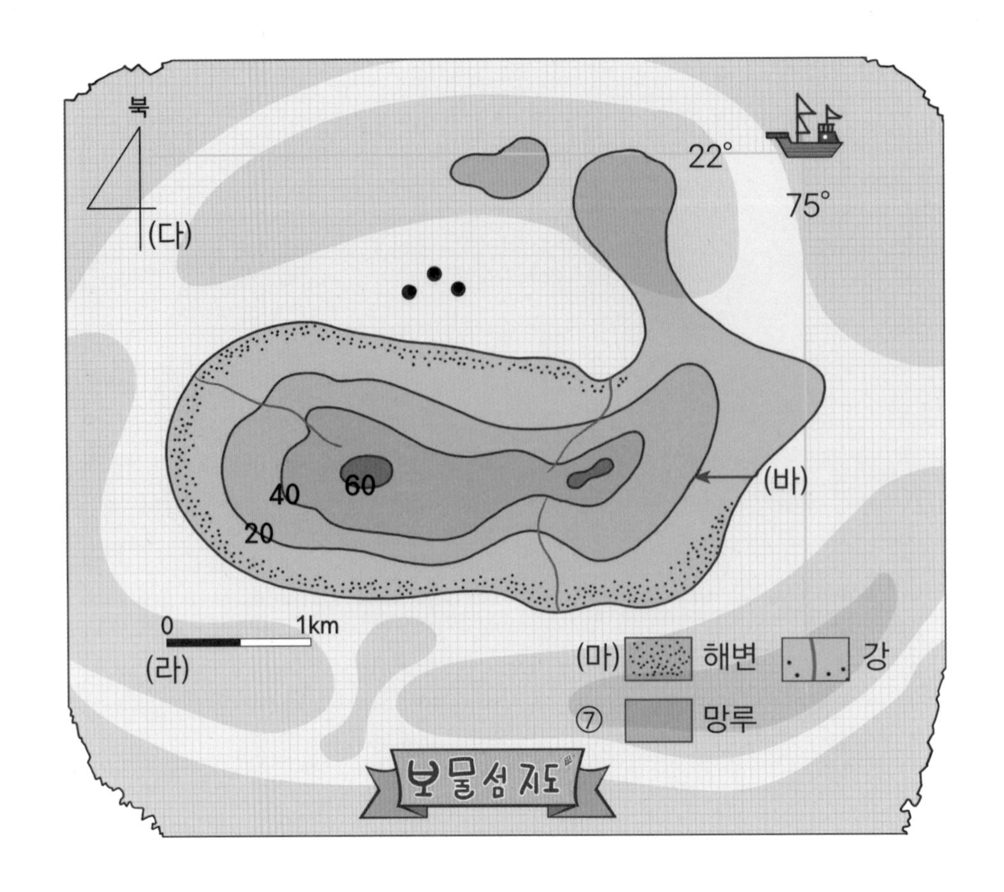

4 〈해적 블랙 잭과 보물섬 이야기〉에서 밑줄 친 ①~⑥의 위치를 〈보물섬 지도〉에 빨간색으로 ×표 하고 각각 번호를 붙이세요.

5 트라이던트 호의 정확한 위치는 어디일까요? 125쪽 지도를 참고해서 알맞은 위도와 경도를 구해보세요.

위도: □□°(N, S) 경도: □□°(W, E)

6 〈보물섬 지도〉의 빈 네모 상자 ⑦에 여러분 마음대로 기호를 만들어 넣으세요. 그런 다음 지도의 해당 지점에도 표시하세요.

7 〈보물섬 지도〉에서 (다)~(바)는 각각 지도의 기본 요소 중에서 어느 것에 해당할까요?

(다)	□□표
(라)	□□(= 줄인자)
(마)	□□(= 기호 일러두기)
(바)	□□선

정답 및 해설

워밍업
나의 하늘 눈 만들기

1 지도는 하늘에서 내려다본 세상 모습이에요!

act 1

1 하늘 2 ③ 3 높은, 내려다, 익숙하기

act 2

1 ①-㉢, ②-㉡, ③-㉠ 2 ㉠ 3 ㉠

3

㉠ ① ㉡ ④ ㉢ ③ ㉣ ②

4

5

1 사진, 지도 2 골라서
3 입체, 평면 4 작게
5 하늘에서, 줄, 필요한 것만 골라서, 평면

하나
지도의 기본 요소와 방위 익히기

2 지도는 몇 가지 기본 요소를 갖추어야 해요!

1

방위, 척, 례

2

①, ②, ③, ④

act 3

전설분포 ,

4

1 방위표, 범례, 축척
2 축척
3 제목, 축척

3 방위란 무엇일까요?

1

1 하늘, 네모난 2 하늘, 땅 3 땅

2

1 모 2 모 3 모,

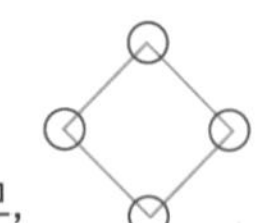

해설 모서리는 두 가지 의미가 있습니다. 첫째는 물체의 모가 진 가장자리, 둘째는 수학의 다면체에서 각 면의 경계를 이루고 있는 선분입니다. 여기서는 수학이 아닌 공간과 방위의 영역에서 모서리를 다루고 있으므로, 첫 번째 의미로 모서리를 이해해야 합니다..

4 방위는 위치를 정하는 기본 틀이에요!

act 1

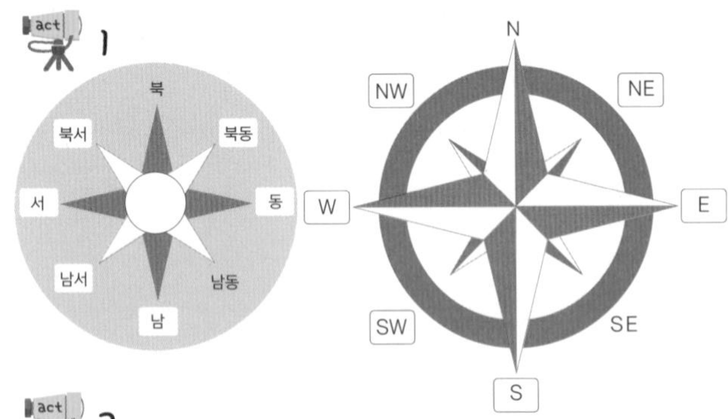

2

1 북 2

3 ① 동 ② 북 ③ 남서
④ 북동 ⑤ 서 ⑥남
⑦ 북 ⑧ 남서 ⑨남동

3

1~4 색칠을 통해 방위표 모양을 익혀보는 활동입니다. 지시에 따라 색칠하세요.

5 게임과 함께 방위를 익혀보아요!

act 1 6개

act 2
- 호랑이-기린 : 남서
- 독수리-호랑이 : 북동
- 돌고래-펭귄 : 북서
- 사자-북극곰 : 북동

6 방위로 위치를 설명하면 편리해요!

 1

1 왼, 오른, 서, 서 2 그네 3 미끄럼틀
4 서 5 동 6 오리

act 2

2 서 3 동, 북
4 동 5 북
6 남동

7 방위표는 지도를 읽는데 꼭 필요해요!

 1

1 ③ 2 ② 3 ④ 4 ③

해설 지도의 아래쪽이 북쪽입니다.

act 2

1 서, 북, 동 2 동해 3 북서 4 북동 5 중국

 3

1 아시아 2 오세아니아
3 동, 서 4 북극해 5 북아메리카

지금까지 배운 내용을 정리해 봅시다!

1
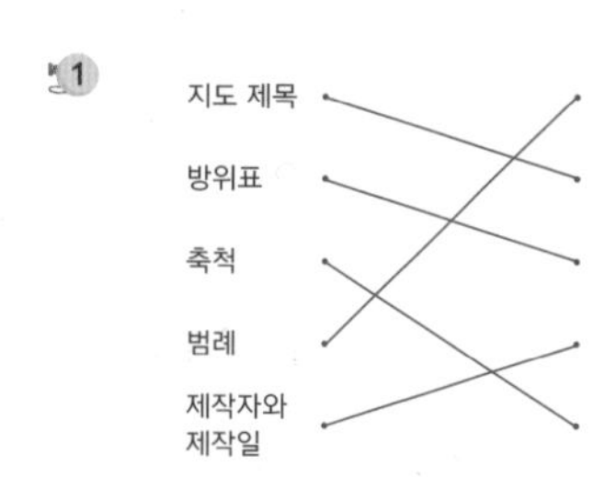

2
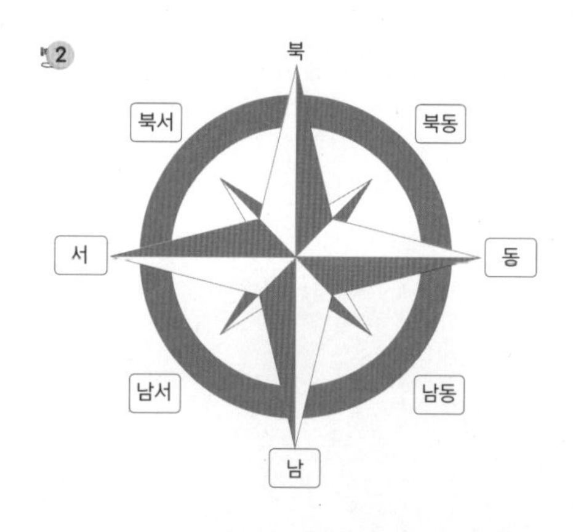

둘
기호와 범례 살펴보기

8 지도에서 기호와 범례는 왜 필요할까요?

 1

1 ② 2 ② 3 ②

act 2

1 내야 한다 2 오후 3 범례

act 3

1 사막 2 범례

9 대동여지도에서도 기호와 범례를 썼어요!

 1

1 김정호 2 범례

act 2

1 ①-봉수, ②-역참, ③-읍치, ④-창고 2 유성 3 20리

해설 읍치의 경우 성이 없는 경우는 ◯, 성이 있는 경우는 ◎로 표시합니다.

해설 대동여지도에서는 (나) 지도표의 맨 왼쪽에 있는 도로 기호에서 알 수 있듯이 마디 하나가 10리를 나타냅니다. ③~④ 사이에는 두 개의 마디가 있으므로 20리가 됩니다.

4 알기 어렵다

10 기호와 범례는 쓰임새가 많아요!

act 1

자유롭게 그려보세요!

act 2

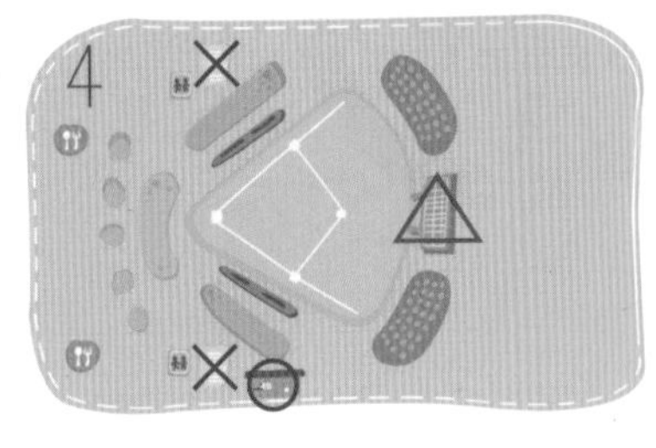

①2 ②지도 참조 ③5 ④지도 참조
⑤지도 참조 ⑥A ⑦C ⑧2

act 3

①북서-남동 ②남 ③1
④고속도로 ⑤호수 ⑤남, 서

act 4

①~⑤ 지도 참조

act 5

①, ② 지도 참조

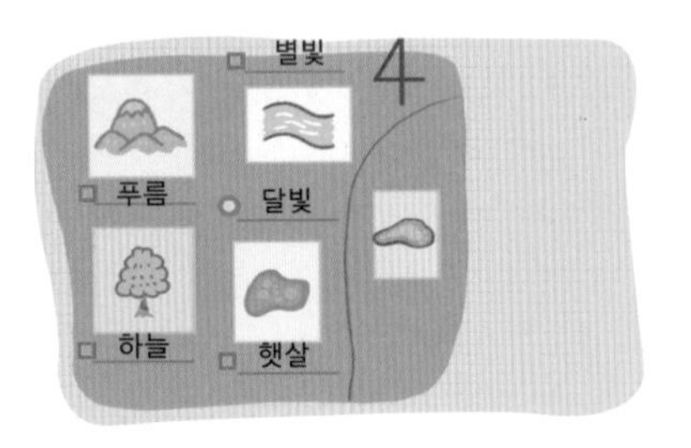

11 지도의 기호는 사물 모습을 본떠 만들어요!

act 1

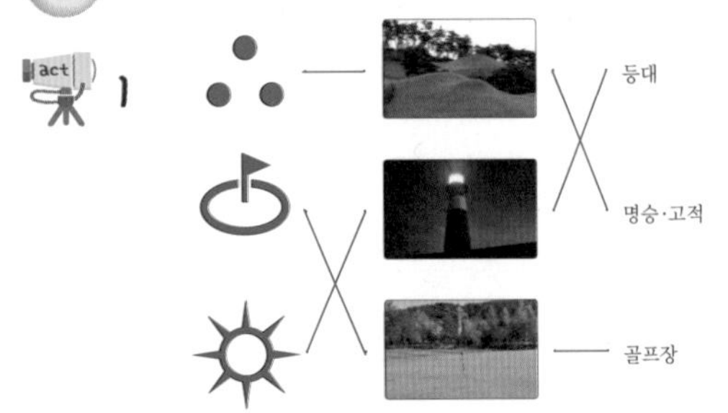

해설 '명승고적(名勝古蹟)'에서 '명승'은 경치가 아름다운 곳, '고적'은 역사적인 건물이나 물건을 가리킵니다.

act 2

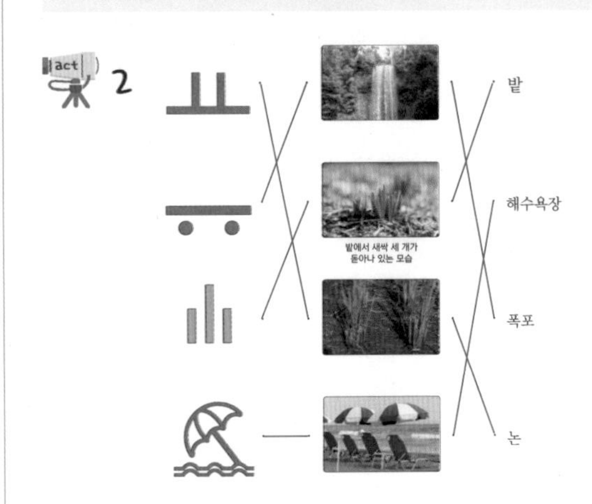

act 3

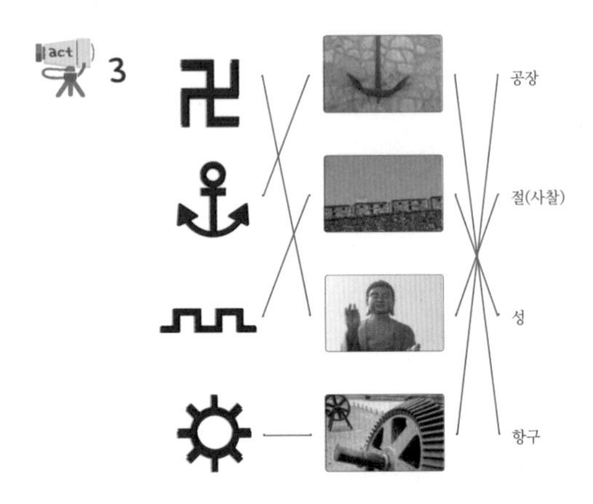

act 4

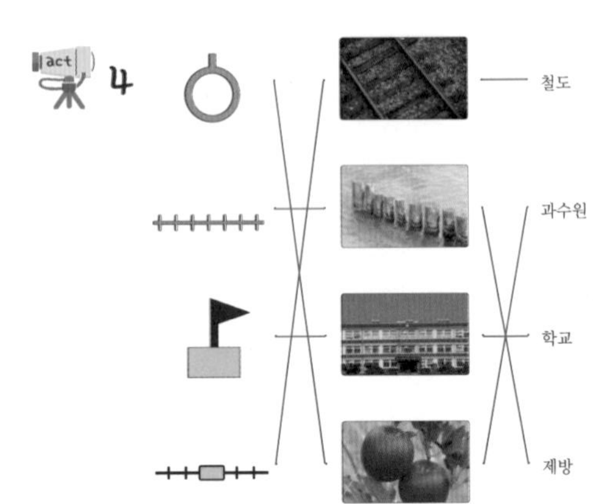

12 게임과 함께 여러 가지 지도 기호를 익혀보아요!

act 1

act 2

철도 ④, 다리 ③, 밭 ①, 과수원 ②, 갯벌 ⑧,
등대 ⑨, 절 ⑩, 해수욕장 ⑦, 항구 ⑥,
제방 ⑤, 학교 ⑪

act 3

출발

도착 야호~~

act 4

1

① 온천
② 성
③ 논
④ 온천
⑤ 절

2

① 명승고적
② 다리
③ 밭
④ 과수원
⑤ 밭
⑥ 다리
⑦ 다리
⑧ 학교
⑨ 명승고적
⑩ 절
⑪ 절
⑫ 과수원

3

지금까지 배운 내용을 정리해 봅시다!

1

기호	—	어떤 뜻을 나타내기 위하여 서로 약속한 부호, 문자, 표기 따위를 통틀어 이르는 말
범례	—	지도에 쓰이고 있는 기호에 대한 뜻을 알려주는 기호 일러두기

2
기호
범례

셋 축척 이해하기

13 지도에서 축척이란 무엇일까요?

act 1

1 줄이다 2 자 3 줄인자

act 2

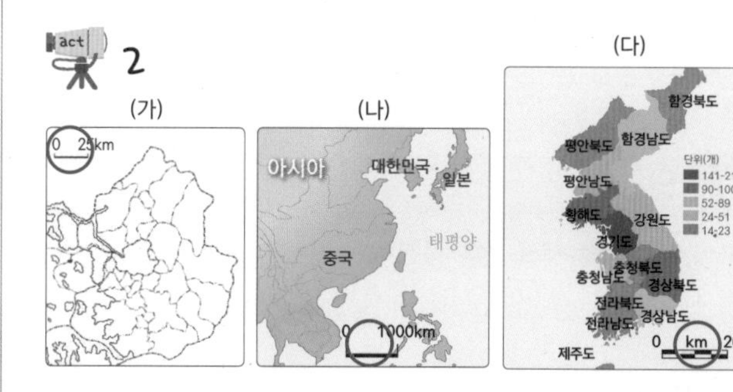

act 3

1

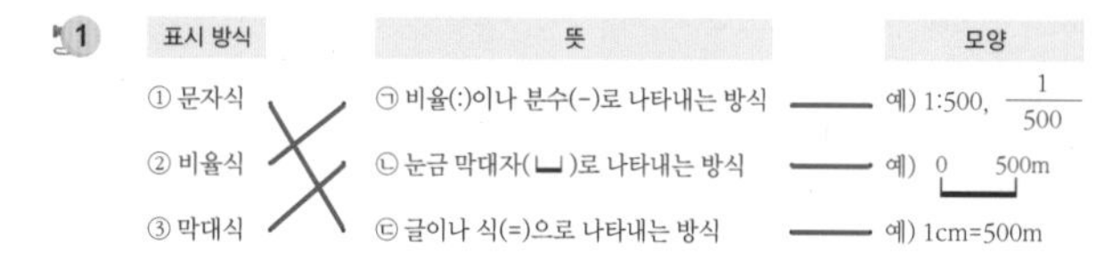

표시 방식	뜻	모양
① 문자식	㉠ 비율(:)이나 분수(-)로 나타내는 방식	예) 1:500, $\frac{1}{500}$
② 비율식	㉡ 눈금 막대자(ㄴㅢ)로 나타내는 방식	예) 0 500m
③ 막대식	㉢ 글이나 식(=)으로 나타내는 방식	예) 1cm=500m

2 ①-㉠, ②-㉡

14 축척 막대에 대한 감각을 익혀보아요!

act 1

1 ① 6 ② 3 ③ 3 ④ 1
2 ① 30 ② 20 ③ 20 ④ 10

act 2

①-㉤, ②-㉣, ③-㉡, ④-㉢, ⑤-㉠

15 축척 막대로 실제 거리를 구할 수 있어요!

act 1

1 20 2 30

act 2

1 200 2 400

act 3

1 5 2 5 3 4 4 5 5 7

act 4

1 1,100 2 1,260
3 서울-부산, 150 4 600

해설 재는 위치에 따라 조금의 차이는 있을 수 있습니다. 따라서 모법답안과 약간의 차이가 있는 경우에는 정답으로 인정합니다.

act 5

1 3,700 2 서울 3 충칭
4 서울-홍콩 : 2,000, 서울-도쿄 : 1,000

act 6

1 울루루 2 12,250 3 14,000
4 시드니 5 17,500 6 15,750

16 방위표와 축척 막대는 지도를 잘 읽는데 아주 중요해요!

act 1

1 5 2 남서 3 절

act 2

1 위쪽 2 ① 동두천 ② 인천 ③ 평택
3 ①100 ② 60 ③ 80 4 서울

act 3

1 ① 18 ② 13 ③ 9
2 ① 북서 ② 북동 ③ 남서
3 ① 남서 ② 남동 ③ 남
4 ① 개나리 ② 무궁화 ③ 개나리 ④ 민들레

act 4

1 없다 2 있다 3 1,500 4 서 5 동

지금까지 배운 내용을 정리해 봅시다!

- 줄인자, 거리, 비율
- 자, 율, 대
- 소

방위표, 기호와 범례, 축척 막대를 모두 활용해 지도를 읽어볼까요?

1

① 부천 ② 동-서 ③ 북 ④ 공항신도시 ⑤ 130
⑥ 15 ⑦ 남동, 27

2

① 자유롭게 만들어보세요. ② 마 ③ 다리 ④ 동-서
⑤ 남동 ⑥ 6 ⑦ ∴, (나, 1), 명승고적 ⑧ 논

넷
등고선 풀어내기

17 지도에서 땅의 높낮이는 어떻게 나타낼까요?

act 1

1

2 동해 3 ①, 산

해설 'MER ORIENTALE'에서 'MER'는 프랑스어로 '바다'라는 뜻이고, 'ORIENTALE'는 프랑스어로 '동쪽'이란 뜻입니다.

act 2

1 백두 2 봉, 리 3 줄

act 3

1 산, 대략 2 어렵다

act 4

1 높낮이 2 높, 낮 3 깊

act 5

1 낮, 높 2 높 3 색깔의 차이

18 땅의 높낮이에 대한 감각을 익혀보아요!

act 1

1 ① 2,000 ② 8,000 ③ 6,000
④ 5,000 ⑤ 6,000 ⑥ 1,000
2 ① 2,000 ② 1,000 ③ 4,000 3 3,000
4 4,000 5 2,000 6 4,000~6,000
7 7,000 8 8,000

해설 해구(海溝)는 깊은 바다 밑에서 움푹 들어간 좁고 긴 곳으로 지구에는 25~27개의 해구가 있습니다. 참고로 세계에서 가장 깊은 해구는 마리아나 해구입니다. 호(湖)는 호수(湖水)를 가리키며 육지가 오목하게 패어 물이 괴어 있는 곳으로 가장 깊은 곳의 수심이 5m 이상 되는 곳을 말합니다. 참고로 세계에서 가장 넓은 호수는 바이칼 호입니다.

19 지도의 등고선은 어떻게 그릴까요?

1

1 등고선 2 ③ 3 ① 300 ② 200 ④ 0

2

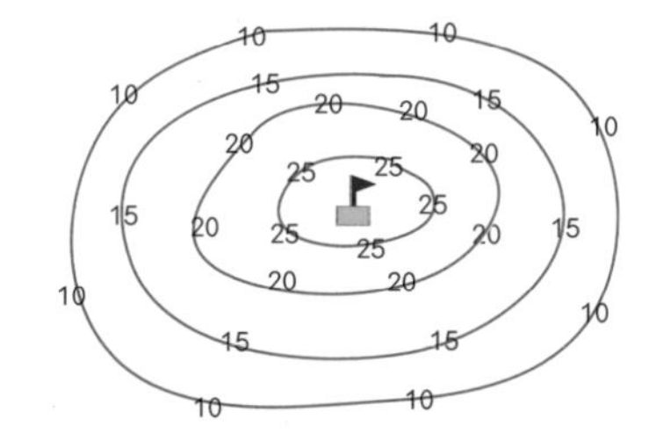

3

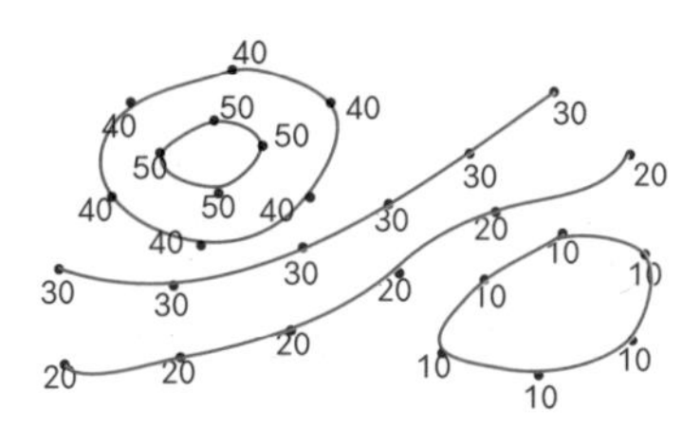

4

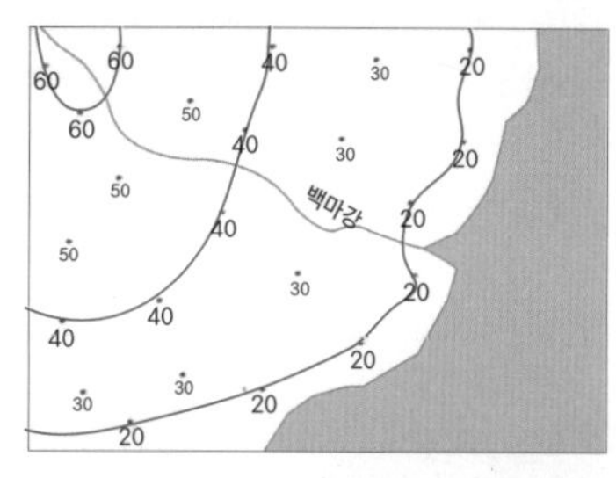

20 등고선 값으로 땅의 높이를 알 수 있어요!

1

1 10 2 ① 80 ② 40

2

1 20 2 야자수 : 20, 판다곰 : 60, 보물상자 : 60
3 40 4 40

act 3

1 20 2

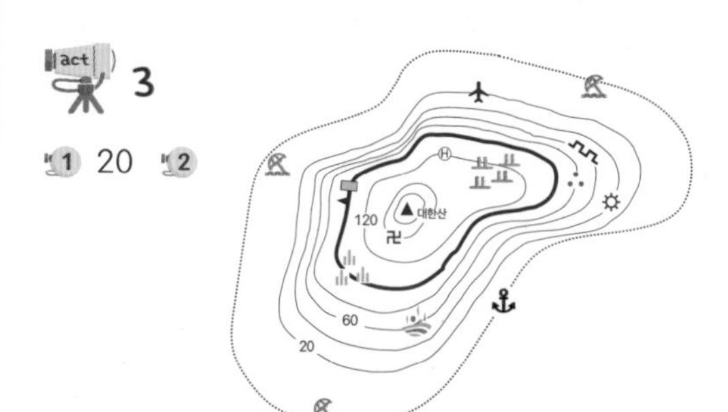

3 논 4 절 : 140, 온천 : 60, 명승고적 : 80
5 헬기장-비행장, 40 6 60 7 100

21 등고선의 굽은 모양으로 계곡과 능선을 구분할 수 있어요!

1

1 산등성이, 능선, 골짜기, 계곡 2 볼록, 오목 3 ㉠

2

산등성이, 골짜기

act 3

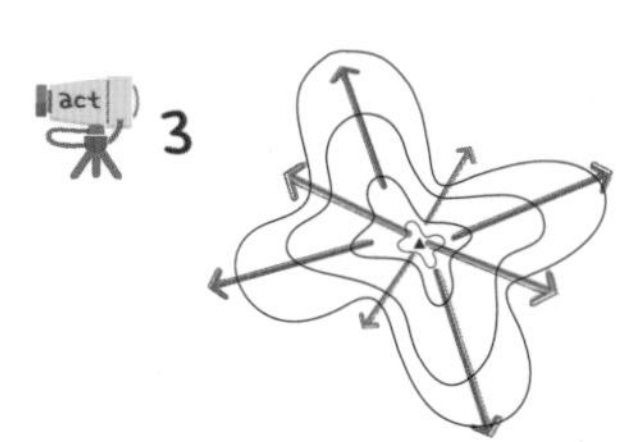

4

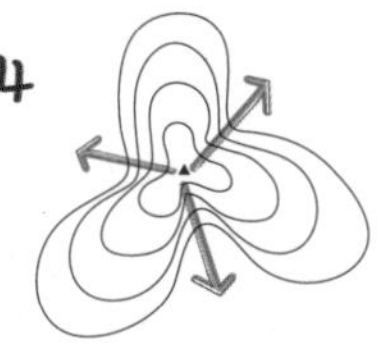

22 등고선 사이의 간격으로 경사를 알 수 있어요!

1

1 (나) 2 가파르, 완만합니다 3 급경사, 완경사 4 (나)

2

1

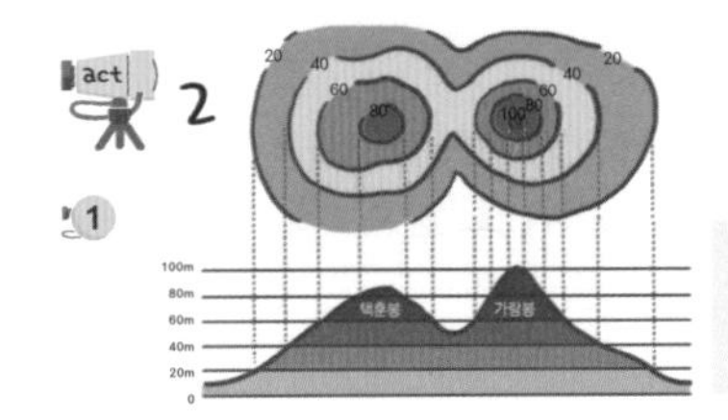

해설 봉우리 높이는 정답의 범위에 있으면 맞은 것으로 합니다.

2 20 3 85~90 4 100~105 5 택훈 6 택훈

3

1 ~ 2

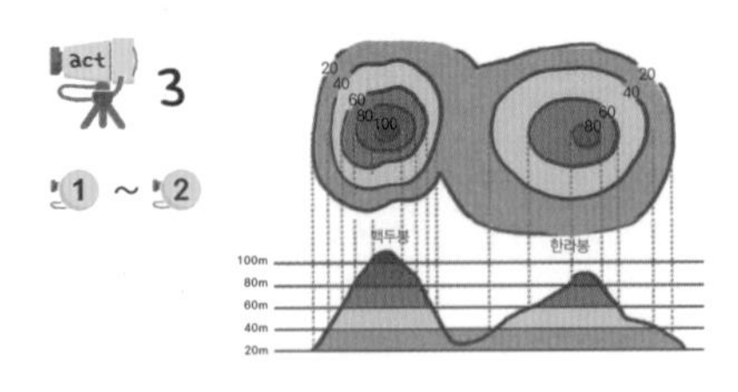

3 100~105 1 80~85 5 백두, 20 6 백두 7 백두

4

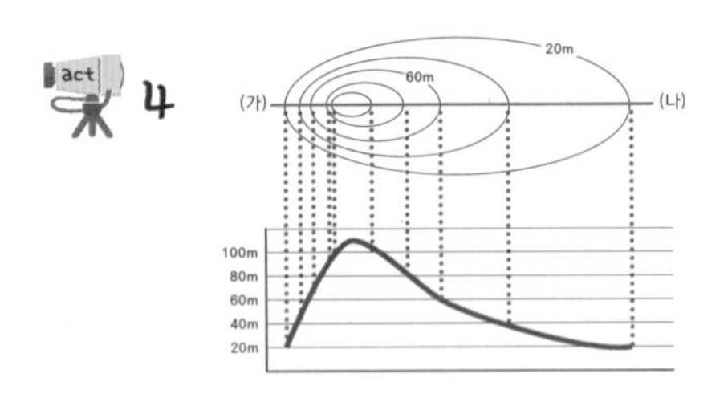

5

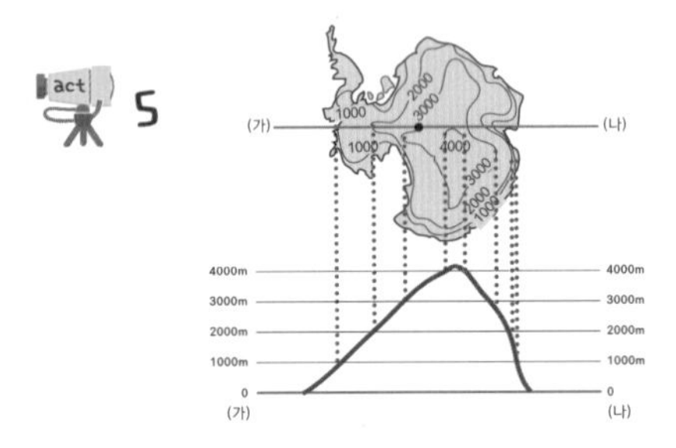

23 등고선의 전체 모양으로 지형을 추리할 수 있어요!

1

③

2

①-㉢, ②-㉠, ③-㉡

3

1 ① 2 ③ 3 ②

해설 등고선 사이의 간격이 좁을수록 경사가 더 가파릅니다.

4

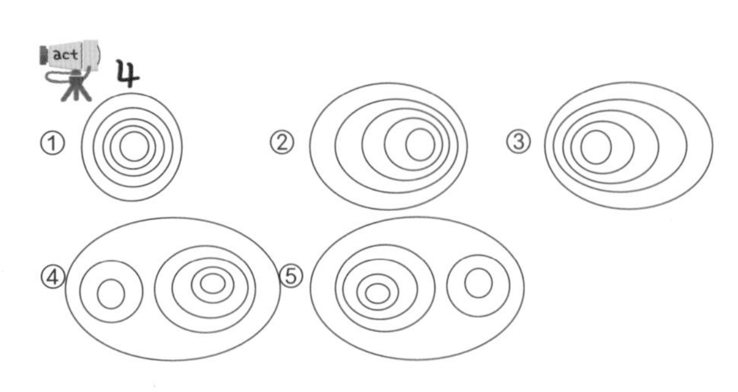

5

(가) ② (나) ① (다) ③

해설 (가)에서 두 봉우리가 모두 보이지만 (다)에서는 큰 봉우리에 가려 작은 봉우리가 보이지 않습니다. (나)에서도 작은 봉우리가 보이지 않지만 (다)에 비해 상대적으로 왼쪽이 완만하게 내려옵니다.

24 등고선 지도로 땅에 대한 여러 정보를 알 수 있어요!

1

1 80 2 남동 3 10 4 북

해설 사슴강의 길이를 잘 때 자를 이용해 점과 점 사이의 직선거리를 재어 보세요. 그런 다음 축척을 고려하여 값을 구한 다음 모두 더합니다.

2

1

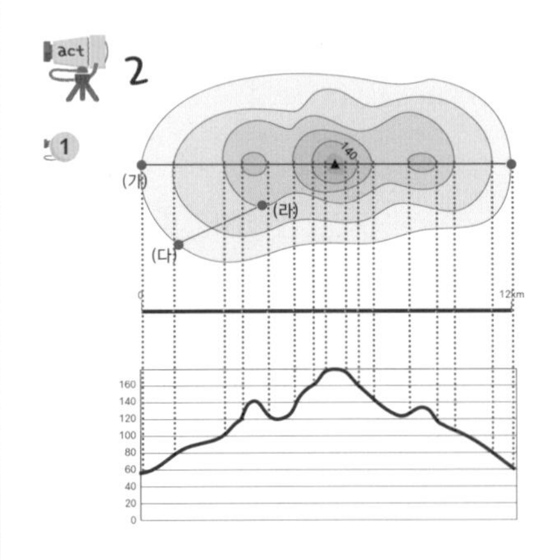

2 20 3 높다 4 12

5 (다) 지점 : 60, (라) 지점 : 100, 높이차 : 40

지금까지 배운 내용을 정리해 봅시다!

높이, 고, 지, 계곡, 능선, 급, 완

다섯
좌표 활용하기

25 방안 좌표란 무엇일까요?

act 1

1 3　2 라　3 마, 4

act 2

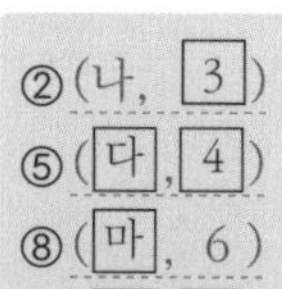
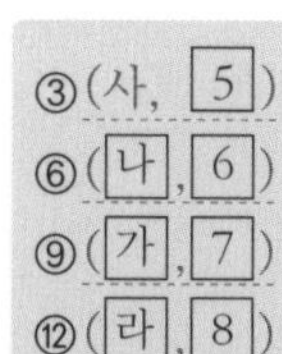
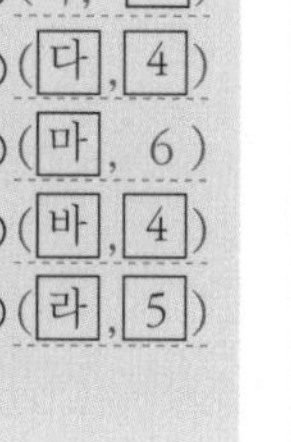

①(다, 1)	②(나, 3)	③(사, 5)
④(아, 1)	⑤(다, 4)	⑥(나, 6)
⑦(가, 2)	⑧(마, 6)	⑨(가, 7)
⑩(마, 2)	⑪(바, 4)	⑫(라, 8)
⑬(아, 3)	⑭(라, 5)	⑮(바, 8)
⑯(사, 2)		

act 3 표

26 방안 좌표로 지도에서 위치를 찾아보아요!

act 1

1 ① 2　② 마　③ 다, 4

2 ① 가, 1 ② 나, 1 ③ 나, 2 ④ 다, 2 ⑤ 다, 3 ⑥ 라, 3 ⑦ 라, 4 ⑧ 마, 4, ⑨ 마, 5

3

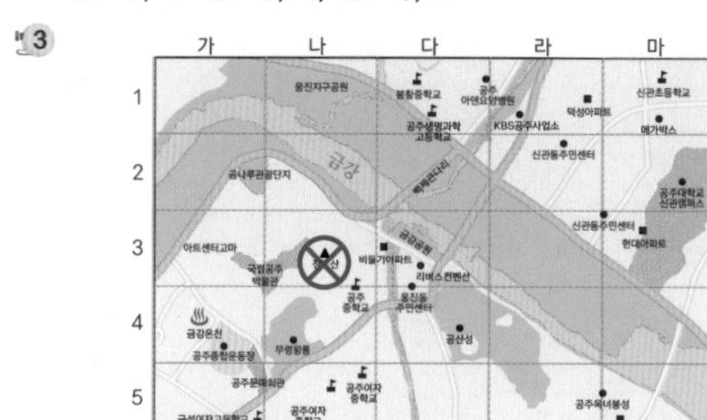

act 2

1 제주특별자치도　2 울산광역시　3 다, 2

4 경기도, 강원도, 충청북도, 경상북도

5 (나, 2) (나, 3) (다, 2) (다, 3)

act 3

1 가, 5　2 티베트　3 (나, 3) (다, 2) (다, 3) (라, 3)

4

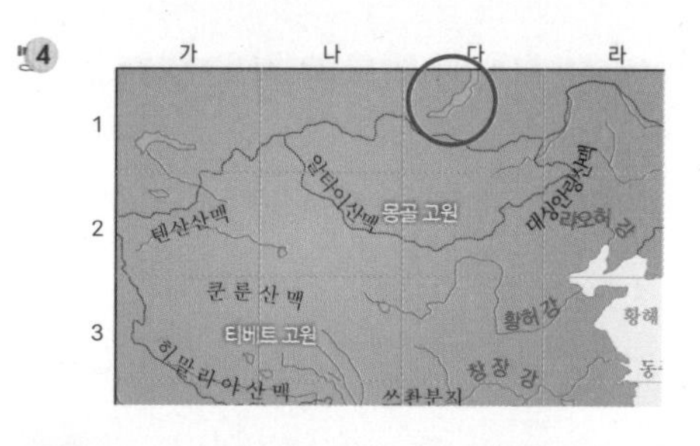

27 지리 좌표란 무엇일까요?

act 1

1 ① 가로 ② 왼 ③ 서　2 ① 세로 ② 위 ③ 북

3 ① 위　② 경

act 2

1 ① 적도　② 위도　③ 0

2 ① 본초자오선 ② 경도　③ 0

해설 **위도**는 지구 중심으로부터 잰 각도로, 적도(0°)를 기준으로 하여 북과 남으로 각각 최대 90°의 값을 갖습니다. **경도**는 지구의 북과 남을 연결한 선으로, 영국의 그리니치를 지나는 본초자오선(0°)을 기준으로 하여 동쪽과 서쪽으로 각각 값을 매기는데, 지구 둘레는 원이므로 본초자오선의 반대쪽에 그어진 경선이 마지막 경선이 됩니다. 이는 원둘레의 절반에 해당하므로 경도는 최대 180°의 값을 갖습니다.

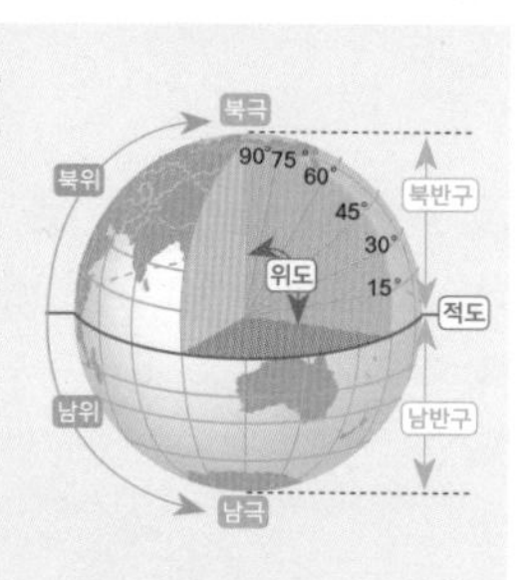

28 위도와 경도에는 일정한 원리가 있어요!

act 1

1 커　2 북쪽, 남쪽　3 남, 도　4 남반구　5 (가)

act 2

1 커　2 서쪽, 동쪽　3 동, 도　4 동반구　5 (나)

act 3

① 0° ② 45°N ③ 90°S ④ 0°(본초자오선) ⑤ 45°W ⑥ 90°E ⑦ 135°E

1 ① 동경 135도 ② 남위 45도 ③ 서경 90도

act 4

1 경선, 본초자오, 0, 경도　2 위선, 적, 0, 위도

3 ① 북반구　② 동반구

29 지구에서 특정 지점의 위도와 경도 위치를 찾아보아요!

act 1

② 70, N ③ 60, N ④ 50, N ⑤ 30, N ⑥ 20, N
⑧ 20, S ⑨ 30, S ⑩ 40, S ⑪ 50, S ⑫ 60, S

act 2

② 120, E ③ 60, W ⑤ 90, W ⑥ 90, E ⑦ 120, W
⑧ 60, E ⑨ 180, W ⑩ 30, W ⑪ 150, E

act 3

① N ② 30 ③ 10, N ④ 30, E ⑤ 10 ⑥ 70
⑦ 35, S ⑧ 70, W ⑨ 10, N ⑩ 80, W

30 지리 좌표로 지구상 위치를 정확히 나타낼 수 있어요!

act 1

1 소양호 2 우도 3 ① 40 ② 39, N
4 ① 127 ② 132, E 5 미륵사지
6 (42, N) (128, E)
7

act 2

1

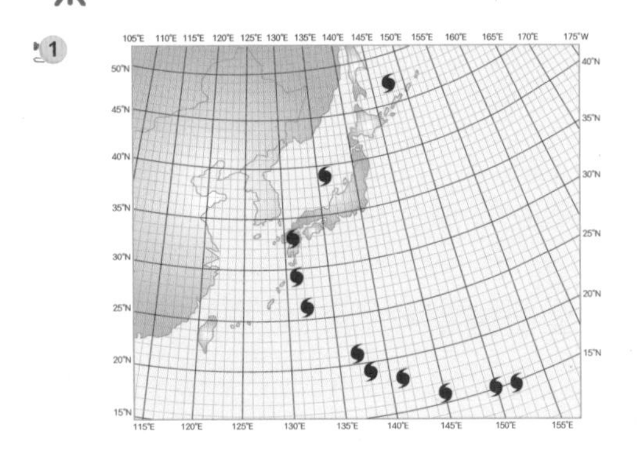

2 9, 6, 후, 3 3 동

act 3

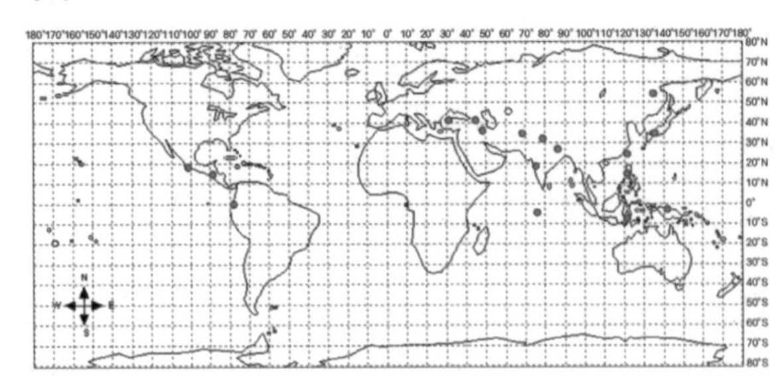

act 4

아프리카

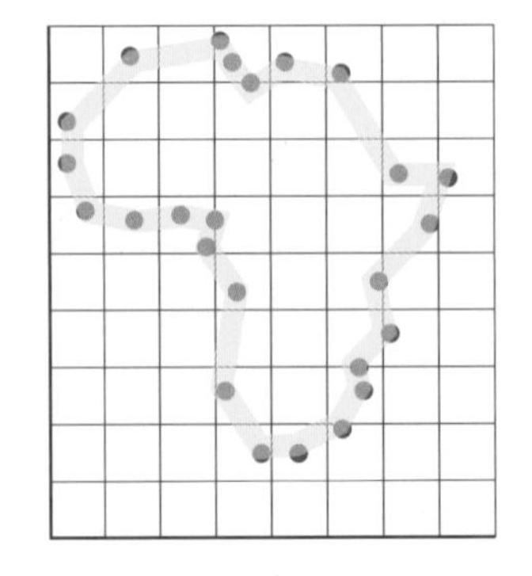

지금까지 배운 내용을 정리해 봅시다!

좌표, 위, 적, 경, 자오

마무리 활동

1 남동 2 (가) 적도, (나) 본초자오 3 바하마
4

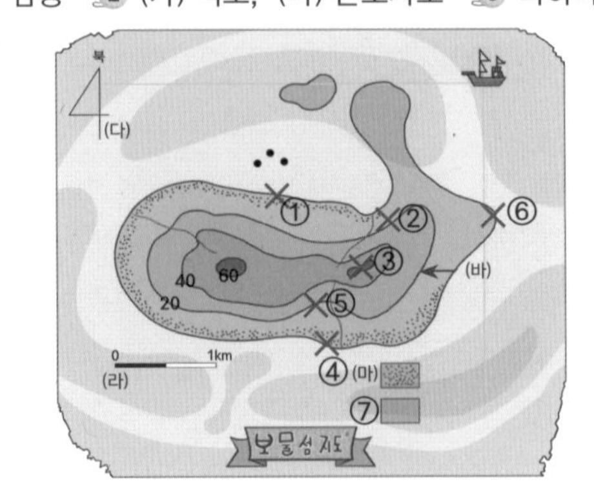

5 위도: 22, N 경도: 75, W

해설 124쪽의 세계 지도를 보면, 바하마 제도는 적도 (가)의 북쪽, 본초자오선 (나)의 서쪽에 위치하고 있는 것을 알 수 있다.

6 자유롭게 기호(예, ㅠ)를 정해서 지도의 해당 지점에 표시하세요.
7 (다) 방위, (라) 축척, (마) 범례, (바) 등고

0 1 2 3 4 5 6 7 8 9 10